多肉植物图鉴

—编 著—

兑宝峰

Duorou Zhiwu Tujian

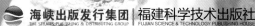

海峡出版发行集团
THE STRAITS PUBLISHING & DISTRIBUTING GROUP

福建科学技术出版社
FUJIAN SCIENCE & TECHNOLOGY PUBLISHING HOUSE

图书在版编目（CIP）数据

多肉植物图鉴 / 兑宝峰编著. —福州：福建科学技术出版社，2019.1

ISBN 978-7-5335-5601-3

Ⅰ. ①多… Ⅱ. ①兑… Ⅲ. ①多浆植物—观赏园艺—图集 Ⅳ. ①S682.33-64

中国版本图书馆CIP数据核字（2018）第078541号

书　　名	多肉植物图鉴	
编　　著	兑宝峰	
出版发行	福建科学技术出版社	
社　　址	福州市东水路76号（邮编350001）	
网　　址	www.fjstp.com	
经　　销	福建新华发行（集团）有限责任公司	
印　　刷	福建彩色印刷有限公司	
开　　本	700毫米×1000毫米　1 / 16	
印　　张	25	
图　　文	400码	
版　　次	2019年1月第1版	
印　　次	2019年1月第1次印刷	
书　　号	ISBN 978-7-5335-5601-3	
定　　价	88.00元	

书中如有印装质量问题，可直接向本社调换

前　言

　　近年来，多肉植物以其憨态可掬的外形、五彩缤纷的色彩和娇小易养的特质赢得人们的青睐。随着"肉粉"队伍的不断壮大，多肉植物产业也欣欣向荣，新品种层出不穷。面对纷繁复杂的多肉世界，爱好者首先遇到的是品种辨识问题。因此，出版一本较为全面的《多肉植物图鉴》就显得十分必要。

　　两年前，福建科学技术出版社邀约我来编写这本《多肉植物图鉴》，凭着作为铁杆"肉粉"三十多年的积淀，我欣然接受了这一任务。经过一年多的搜集整理资料，现在终于交差了，但答卷是否合格要由您来判定。

　　在本书编写的过程中，得到了《花木盆景》杂志社李琴编辑、《中国花卉报》社薛倩记者、《花卉》杂志社徐晔春老师，福建乡下人园艺公司王文鹏总经理，山东铭新花园王新国总经理，仙珍圜论坛的武爱丰、林少鹏、李筱莉、陈永刚、聂俏峰、赵志忠、雷利、芦志忠、王恺、刘勇、刘兵、陈光和网名分别为痣多小新、岩鸣、棉基基、冰川、柚子茶、溪水千竹、酷爱球球、梵辰子、城市飞翔125、狮子座α、花生、小豆丁、小二黑、赵倩、花医生、毕竟牙医（山大大）、冬天的宝藏、仙乡随缘、随一心、太湖花郎、云漂泽国、糊涂、书香、仙人堡主人、tgtgff、小牙（polangyunfan）、grignard、VAJ、xinqing0426、chyh28、

iPhoto、kaoru1985 的多肉植物爱好者，花友张旭(天津)、张晨(天津)、尚建贞(郑州)、张金鼎(郑州)、王曙光(郑州)、赖永强(郑州)、马勇(郑州)、马永太(郑州)、刘季(郑州)、刘磊(郑州)、王恺(郑州)、刘磊(南阳)、王松岳(开封)、王建华(郑州)、焦峰(郑州)、张翼双(西安)、可欣多肉(网名)、牛妹(网名)、乌晓丽(网名)等的大力支持。部分图片拍自郑州植物园、北京植物园、南京中山植物园、广州华南植物园、郑州陈砦花市，以及中国首届多肉植物展、青州第十七届花博会。在此，谨向上述人员和单位表示衷心感谢。

　　本书能够顺利完成，应该感谢过去的、现在的，我身边的、远在四面八方的，我的盆友，我的良师益友！这应该是我和他们共同的书！

兑宝峰
2018 年秋

目　录

番杏科　Aizoaceae　60

夹竹桃科　Apocynaceae　105

萝藦科　Asclepiadaceae　109

菊科　Asteraceae　122

百合科 Liliaceae 265

风信子科 Hyacinthaceae 267

石蒜科 Amaryllidaceae 276

鸢尾科 Iridaceae 281

桑科 Moraceae 282

百岁兰科　Welwitschiaceae　311

仙人掌科　Cactaceae　312

多肉植物概念与术语

多肉植物种类繁多，大多数多肉植物的形态也与常见的植物有着天壤之别。尽管其外观千变万化，但它们的根、茎、叶等三种营养器官中至少有一种或两种具有发达的薄壁组织，用于贮藏水分。因此，这类植物外形显得肥厚膨大，看上去肉乎乎的，故被称为多肉植物或肉质植物、多浆植物。由于这些植物大部分产于热带或亚热带沙漠地区，有人就称之为"沙漠植物"或"沙生植物"。但这种说法是不确切的，因为并不是所有的多肉植物都生长在沙漠地带，也有不少种类是生长在高山、岩石、海边、草原、热带雨林等地带，而且沙漠中还生长着许多不是多肉植物的植物。

多肉植物分类

多肉植物按肉质化部位的不同，大致可分为叶多肉植物、茎多肉植物、茎干状（俗称"块根类"）多肉植物三种类型。

叶多肉植物　此类植物的贮水组织主要在叶的部位，因此叶有程度不同的肉质化，显得肥厚；而茎则很少肉质化，有些种类的茎还多少有点木质化或呈草本植物结构（甚至无茎）。按生存环境的不同，叶的肉质化程度有很大差异。以番杏科植物为例，分布在不太干旱地区的种类叶子大而薄，粗看起来与普通草花区别不大，像露草属、日中花属等属的植物；而随着生存环境越来越干旱，茎渐变短，株型也随之缩小，叶变得越来越肉质化，像快刀乱麻属、舌叶花属植物；分布在极端干旱环境中的植物，整个植株都贴在地上生长，只有一对或数对基部联合的极端肉质叶，像帝玉、金铃、生石花、肉锥花等。

叶多肉植物包括番杏科、龙舌兰科、景天科、芦荟科等科的全部或者大部分种类，以及胡椒科、凤梨科的一小部分种类。其叶的形态和色彩十分丰富。以形体而言，千差万别：有的肥厚如柱，如万象；有的圆润如珠，像玉露、灯泡；有的晶莹如玉，清澈透明，像贝叶寿、万象、玉扇；有的浑身长满疣突，酷似小苦瓜，像朱唇石、大疣朱紫玉；有的叶缘或叶面上还布满白色茸毛，像景天科青锁龙属的月光；有的还被有白粉，像景天科的雪莲等。

　　叶的颜色除了常见的绿色外，还有黄、红、紫、白、黑等颜色，五彩缤纷，趣味盎然。即便是同一片叶子也会呈现出不同的颜色，同一种颜色也有深浅的差异，乃至在不同的季节、不同的栽培环境中都会呈现出不同的色彩。

水晶玉露（芦荟科）

番杏科肉锥花属植物的球形叶

　　茎多肉植物　肉质化部位主要在植物的茎部，包括仙人掌科、萝藦科、大戟科、葡萄科、菊科等科的多肉植物，其肉质茎肥大多汁，富于变化，形状有圆柱状、棱柱状、球形、鸡冠形、不规则形等，色彩一般为绿色，也有蓝色、灰白色、红色、黄色等；表面有棱或疣状凸起，有些种类表皮被有白粉，或分布有斑纹、疣突、毛、刺等。

棕榈大戟（大戟科）

白小町（仙人掌科）

太阳（仙人掌科）

茎多肉植物的叶大小和形状差异很大：有些种类根本无叶，像仙人掌科植物的大部分种类和萝藦科、大戟科的一些种类；其肉质化程度也不尽相同，但总的来说肉质化程度没有叶肉植物那么高；有些种类全年有叶，也有些种类仅在生长期有叶；还有些种类的叶子极为细小，而且早脱落，仅在新长出的嫩茎上才能看到，因此给人的印象是植株始终无叶，像大戟科的光棍树、膨珊瑚等。

茎干状多肉植物　俗称"块根类"多肉植物。肉质化部分主要集中在茎的基部，形成膨大形状不一的块状体、球状体或瓶状体，多数种类的叶子直接从根颈或茎基上几乎不是肉质的细枝上长出，在极端干旱的季节，此类植物的细枝和叶子枯萎，仅存膨大的"块根"。为了防止水分流失，有时候会

韧锦

大苍角殿

龟甲龙

象腿树

在膨大的茎基外再包裹一层厚厚的木栓层，像薯蓣科的龟甲龙。

有一些多肉植物形如乔木或灌木，有着正常的各级分枝和叶，但其主干的一段比其他植物异常膨大，树干中间贮很多水，像猴面包树、瓶干树、弥勒佛树、象腿树等，这类植物也被列为茎干状多肉植物。

茎干状多肉植物中，还有一类为鳞茎类型的，多出现在风信子科、石蒜科、鸢尾科等科，像大苍角殿、哨兵花以及各种弹簧草等。

专业术语

每个"圈儿"都有特定的专业术语，多肉植物"圈儿"也不例外。有些术语外人看了往往是一头雾水，不知其意，但"圈儿"内人看了却是一目了然。尽管有些术语不是那么科学，有些甚至是张冠李戴，但在多肉植

物"圈儿"内广泛流传。

学名 即植物的拉丁名,是指用拉丁文书写的符合《国际植物命名法则》的科学名称。每种植物只有一个,而且也只能有一个学名(当然,个别植物因分类方法的不同和变化,有2个或2个以上的拉丁名,但正式学名只一个,其他的只能作为异名)。

学名一般采用"双名法",即每种植物由两个拉丁文单词组成,第一个词为该植物隶属的"属名",第二个词是"种加词",属种名的拉丁文往往是体现该植物标志性特征或意义的关键词。少数具亚种或变种的植物,还可具三名。在分类的图书中,往往在学名的后面附加该植物的命名人(或命名人的缩写)。所以,一个完整的植物学名包括属名、种加词和命名人,并规定属名和命名人的第一个字母必须大写。一般图书为了方便起见,通常只列出属名和种名。

种与品种 我们知道,生物的分类是按照界、门、纲、目、科、属、种等7个级别划分的,近缘的种归为属,近缘的属归为科……依此类推。在各级单位之间,有时因范围过大,不能完全包括其特征或系统关系时可再增设一级,如亚门、亚纲、亚目、亚科、亚属、亚种等。

种(species)是"物种"的简称,是生物分类的基本单位。指具有一定的自然分布区域和一定的形态特征、生理特性的生物类群。在同一种中的各个个体具有相同的遗传性状,彼此交配(传粉受精)可以产生能育的后代。种是生物进化和自然选择的产物。就野生植物而言,有的种以下还细分有亚种(subspecies,缩写"ssp."或"subsp.")、变种(varietas,缩写"var.")、变型(forma,缩写"f.")等级别。

大宝万象

品种是经过人工选择而形成遗传性状比较稳定、种性大致相同、具有人类需要的性状的栽培植物群体。品种是人类进行长期选育的劳动成果,是种质基因库的重要保存单位,同时也是一种生产资料。品种是种的下级分类,是人工选育的结果。

根据《国际栽培植物命名法规》，现在品种规范的标注是其名称加''（以往分类书上通常在品种拉丁文前加"cv."），像万象中的'大宝万象''万象锦'等。

野生种 也叫产地种，是指植物在原产地自然状态下生长的植株。其自然朴拙，富有野趣，尤其是仙人掌科的岩牡丹、龟甲牡丹（俗称"野龟"）、乌羽玉、银牡丹、精巧丸等具有萝卜状块根的种类更是受到玩家的追捧。但是，由于原产地环境恶劣，这些植物生长极为缓慢，从幼苗到成株往往需要几十年，甚至上百年的时间，而且数量稀少，成为《濒危野生动植物种国际贸易公约》（CITES）的保护植物。各国也出台相关法律对其进行保护，严禁采挖野生资源，严禁贩卖。尽管如此，盗挖盗采现象还是屡禁不绝。国内各地海关也多次查获非法走私进口野生龟甲牡丹、乌羽玉等种类的多肉植物，淘宝以及一些知名论坛也禁止此类植物的交易。对于这类植物，玩家最好不要去碰，以免触犯相关法律，轻者罚款，重者坐牢。

原始种 也叫原生种，是指由野生种通过播种、分株、扦插等方法繁殖的植株。原始种能够保持该物种的基本特点，在新品种选育中有着不可替代的作用。

需要指出的是，由于贩卖受保护植物的野生种是违法的行为，于是就有人把野生种标上原始种进行出售。多肉植物爱好者应遵守相关植物保护法规，避免参与

野生状态下的仙人掌科植物

野生岩牡丹缀化

威特草 *Haworthia witterbergensis*

此类交易。此外，还有人把播种苗或其他来源中一些品相不好、品种特点不明显的植株当作原始种出售，这已属欺骗行为了。

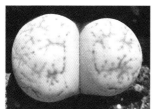

原种云映玉

优选种云映玉

园艺种卧牛

园艺种 指经过人工驯化繁衍的植株，而且经过定向选育，植物的某些特点被放大，甚至通过杂交或其他技术，使植物发生变异而显现出一些野生种没有的特征。像万象、玉露、寿等瓦苇属以及生石花、卧牛等多肉植物，其园艺种的株型、叶形、"窗"的通透度以及窗面的纹路都与原生种有着天壤之别。从本质上说，园艺种也属于品种的范畴，只是园艺种更强调具有符合人们审美要求的特征而已。有些园艺种因商业行为的需要，也会有不同的叫法，如优选种实际上就是园艺种。

系 指某种多肉植物的一系列品种，像景天科拟石莲属的东云系就包含'罗密欧东云''玉珠东云''乌木东云'等品种。此外，还有将"系"与引入国家名组合来指代某类多肉植物，像从韩国引进的称为韩系，日本引进的称为日系，德国引进的称为德系，欧洲引进的称欧系，美国引进的称为美系，如韩系月影、日系万象、美系天使之泪等。

尽管系的划分不是那么科学，但在爱好者中广泛使用：如把具有某类特点的品种归为一类，像紫系玉露、芭堤雅寿系；某名品与其他品种的杂交种也称为"系"，像万象中的"雪国系"等；把形态近似的多肉植物称为某某系，如番杏科肉锥花属的"少将系"，都有着"丫"字的株型，但

东云系的‘黄化东云’

芭堤雅寿系

不同类型的少将系

植株的大小、花色有区别。

　　斑锦　也称斑锦变异、锦化、斑入，是指多肉植物的叶、茎等部位在生长过程中由于叶绿素发生缺失或变异，造成局部出现黄色、白色、橙色、红色斑纹或斑块的现象。在仙人掌科、龙舌兰科、芦荟科、大戟科、景天科、马齿苋科、番杏科等科的多肉植物中都有发现。因其植株体内叶绿素含量较少，生长缓慢，因而较为珍贵，某些斑锦品种的价格往往是原种的数倍乃至数十倍，甚至上百倍。其中斑纹显著者称"明锦"，斑纹不太显著者称"晕锦"（也称暗锦、浅锦）。把季节性出现的斑锦称为"季节锦"，像龙舌兰科的辉山，在夏季高温阳光充足的环境中叶缘有金灿灿的黄边，而到了冬季阳光不足的环境中，黄边就会减退，甚至消失。

斑纹按分布位置不同可分为若干个类型。斑纹在叶缘的称"覆轮"，在叶片中央者称"中斑"，呈不规则分布的称"散斑"，呈细条状者称"缟斑"。斑锦呈细丝状者，称为"拉丝"；斑锦模糊暗淡者，称为"糊斑"；整个植株都呈黄色或其他颜色斑锦的，称为"全黄"或"全锦"；若全锦植株出现绿色斑纹，则称之为"逆斑"；斑锦分布匀称、色泽明快的，称为"极上斑"；一半黄一半绿的，称为"鸳鸯锦"。

通过向植物喷洒某种药物，损伤其细胞，使之由绿色变为黄、白等颜色的称为"药锦"。此举对植物的伤害极大，轻者生长缓慢或完全停滞，严重时甚至导致植株死亡。这类锦也不会长期存留，往往药力过后就消失退去。药锦的观赏价值也不高，仅仅在植物的某一位置出现（一般为植株的中心位置），颜色显得呆板、不自然。

药锦植物

法师系覆轮锦

尼克莎娜锦

万象锦

鸾凤玉锦

鸳鸯斑卧牛锦

　　上色　也叫"出状态"，是指多肉植物（多指景天科景天属、拟石莲属、厚叶草属、莲花掌属等属的植物）叶片局部或全部由绿色转变为红、黄、橙、粉、白、黑等颜色。我们知道，植物的正常颜色应该是绿色的，而景天科植物这种斑斓的色彩实际上是抗恶劣生长条件的"防护罩"，只有在大的昼夜温差、高紫外线照射的条件下才能出现。因此，为了让多肉植物上色，就要为它创造"逆境"条件，如露天栽植，可以加大昼夜温差，增加紫外线强度，以加速上色，并使株型紧凑而饱满。不过，有些种类色彩过于明亮，往往是"病入膏肓"的先兆，像某些景天科植物晒熟后色彩晶莹，呈美丽的果冻色。

　　所谓"果冻色"，是指景天科中某些种类多肉植物的叶看上去有点透明的淡淡颜色，有着类似果冻的质感。它可通过加强光照、大温差、控水等措施来实现。

　　上色与斑锦变异有着本质的不同，斑锦是叶绿素基因损伤或缺陷而造成的；而上色则是植物体内色素比例发生改变造成的，这与环境有着很大的关系，多为季节性变色，这种现象在很多植物中都有，像仙人掌科、大戟科一些种类的"红叶"现象，某些植物的新叶及秋叶都呈红色。

上色中的拟石莲属植物

红叶象牙球

上色前的落日之雁

上色后的落日之雁

果冻色乙女心

即将烂掉的景天科植物色彩也美丽

紫肌玉露

　　肌　就是肌肤、皮肤的意思，这里指的是植物表皮的颜色。像乌羽玉中的"白肌""特白肌""蓝肌""黄肌"，玉露中的"紫肌"等。士童中的"艳肌"则表示其表皮颜色较深、泛红，显得较为鲜艳。需要指出的是，"肌"颜色的深浅与栽培环境以及植物状态有很大的关系。一般来讲，植物在光照强烈的情况下和休眠期颜色较深，更能突出"肌"的特点；而在生长旺盛和光照不足时，其色彩偏绿些。

窗 芦荟科瓦苇属中大多数软叶亚属种类和少数硬叶亚属种类（龙鳞、硬叶寿等），番杏科肉锥花属中风铃玉、白拍子等种类，这些植物的肉质叶呈透明或半透明状，谓之"窗结构"，俗称"窗"。此外，生石花的叶面也用"窗"来表示，像"全窗""半窗"等类型。

以瓦苇属植物为例，窗有亮窗、透窗、糯窗、背窗之分。其中的亮窗色彩明亮，像亮窗玉露；透窗晶莹剔透；糯窗则给人以柔和的感觉，像'糯玉露'；背窗是指叶的背面通透性较好，像被称为背窗三杰的'冰城''西瓜寿''裹般若'等。

万象的糯窗

"寿"的窗结构　　　　　　风铃玉的窗结构　　　　　全窗日轮玉（生石花）

缀化 也称带化变异或鸡冠状变异。其特征是植株顶部的生长锥不断分生，加倍而形成许多生长点，而且横向发展连续成一条线，使得植株长成一个扁平、扇形、鸡冠状的带状体，栽培多年的缀化植株扭曲重叠呈波浪状；有趣的是某些茎缀化植物的花朵也会呈缀化，像仙人掌科的'绯花玉缀化'；甚至刺座也会缀化（也称"马蹄化变异"）。缀化现象存在于仙人掌科、大戟科、萝藦科、景天科、夹竹桃科等科的多肉植物。

缀化变异的命名规律一般是在原种的后面加"缀化"或"冠"，像'紫牡丹缀化''乱雪缀化''乌羽玉缀化''金琥冠''绯牡丹冠'等，也有少量不按这个规律命名的，像白檀的缀化称'白马'或'鸡冠掌'，帝锦的缀化称'春峰'。

春峰之辉　　　　　　　玉杯东云缀化　　　　绯花玉马蹄化变异

　　石化　也叫岩石状或山峦状畸形变异，其特征是植株所有芽上的生长锥分生都不规则，而使得整个植株的肋棱错乱，不规则增殖而长成参差不齐的岩石状。石化变异通常发生在仙人掌科天轮柱属、乳突球属植物和其他一些柱形或球形种类中。其中较为常见的山影拳就是天轮柱属几个不同种石化变异的统称。

山影拳　　　　　　　　　　　高砂石化

　　返祖　即缀化、石化、斑锦等变异种类的变异特征消失，恢复为原有的性状。像斑锦植株的锦色消失，缀化、石化的植物长出柱状或莲座状的枝芽等现象。

将军缀化出现的返祖现象

疣　也称疣突，是指多肉植物茎或叶上的凸起部分。其形状多变，或呈圆形，或呈不规则形、水滴形、瘤状等。有些种类的疣是茎叶肉质的凸起，其色泽与原有的茎叶基本一致，如景天科的雨滴、狂野男爵、睡美人，仙人掌科大疣银冠玉、小疣翠冠玉、角疣鸾凤玉；有些品种的疣则是角质层，颜色多为白色、灰白色、褐色，像芦荟科瓦苇属的天使之泪、冬之星座、秋天星、帝王卷、钱形瓦苇，脂麻掌属的卧牛等。

角疣鸾凤玉

钱形瓦苇的疣突

大疣朱紫玉

景天科拟石莲属植物叶上的疣突

乳汁　指大戟科、萝藦科、夹竹桃科的某些种类植株体内含的白色乳汁状汁液。这是一种碳水化合物，会从植物的伤口处流出，有些种类的乳汁具有一定的毒性，应尽量避免直接接触。

姬 表示"小"的意思，源自日语，主要用于龙舌兰科、芦荟科、景天科等科多肉植物的命名，在其原种前面加个"姬"，表示其为小型种，像姬乱雪、姬雪山、姬玉露、姬东星等。

大戟科多肉植物群铁瘤玉

王妃 即"小"的意思，源自日语，比"姬"型种更为小巧精致，像王妃雷神、王妃笹雪、王妃甲蟹等。

迷你 由英文"mini"一词转化而来，表示"小"的意思。像瓦苇属中的秋天星也叫"迷你玛"，是指该植物叶子上具细小的疣点。此外，还把一些非常小的植株称为"迷你株"，把小的

姬玉露

王妃雷神

'迷你钱串'

达摩绿塔

丸叶型美窗寿

组合盆叫做"迷你花园"，甚至还延伸出"咪咪小"一词，用来形容很小的东西；把一种小型植物称为'迷你X'，如钱串景天中的'迷你钱串'。

达摩　源自日语，是指短、肥、圆的株型或叶子，像达摩绿塔、达摩福娘等。

丸　即"球"的意思，源自日语。把仙人掌科的"XX球"称为"XX丸"，像"蔷薇球"就被称为"蔷薇丸"；某些种类的多肉植物叶片圆润肥厚，也被称为"丸叶"型，像丸叶青蟹、丸叶西山寿、丸叶姬秋丽等。

子吹　也称仔吹，源自日语，意思是多头丛生状，是指那些容易萌发小头，呈丛生状的植物，像子吹乌羽玉。

同名植物　人有重名的，在多肉植物中也有此现象。一些植物的名字尽管一样，但却是完全不同的种类，像景天科和芦荟科都有一种叫"天使之泪"的，仙人掌科乳突球属、芦荟科瓦苇属、景天科石莲花属都有叫"月影"的品种，龙舌兰科、仙人掌科、景天科中都有叫"桃太郎"的品种。

子吹乌羽玉

三色堇

在多肉植物圈内，"雪莲"是指景天科石莲花属的雪莲，而不是指产于我国新疆、西藏、青海的名贵药材；"牡丹"则是指仙人掌科岩牡丹属的龟甲牡丹、玉牡丹、黑牡丹、龙舌兰牡丹等，而不是指传统上被称为"国色天香"的牡丹；三色堇则是指一种景天科拟石莲属的园艺种，而不是堇菜科俗称"猫儿脸"的三色堇；"鱼"，是仙人掌科的乌羽玉属植物的统称，与水中游的鱼相去甚远。此外，景天科长生草中有观音莲，天南星科海芋属中也有叫观音莲的品种。

因此，引进时一定要看实物或者相关资料，切不可只看植物名字，以免购进不是自己需要的植物。

多肉植物养护基础

阳光

充足的阳光（包括光照时间和光照强度）是养好多肉植物的关键。对于景天科、芦荟科的莲座状植物来讲，阳光不足，会造成其株型松散，叶与叶之间的距离拉长，原本直立或倾斜向上生长的会变得叶片平展（俗称"摊大饼"）或下垂（俗称"穿裙子"），而且像'落日之雁''黄金花月''乌木东云'等叶子上的黄色斑纹、黑紫色叶缘的种类也会退色；对于仙人掌科的球状或柱状植株来讲，缺光会使植株猛然变细，形成一个小突起；对于弹簧草等叶子卷曲的植物，缺光则会使叶子的卷曲程度不够，羸弱而易倒伏；对于生石花以及某些种类的肉锥花、仙人掌科植物缺光不仅会造成植株徒长，不能"上色"，而且还难以开花。总之，缺光几乎对所有的多肉植物都会造成不良影响，有些影响甚至是不可逆转的。此外，阳光还是很好的天然杀菌剂，能够杀灭多种有害菌，防止黑腐病等多种病害的发生蔓延。

当然，什么事情都要有个度，光照也不例外。光照过强，也会灼伤植株，甚至会将生石花、寿等株型较小的植物晒熟。在空气纯净、通透度高的初秋季节，长期在光照不足环境中生长的植株突然移到烈日下，都容易发生晒伤现象。

在阳光充足之处生长的弹簧草

因光照不足而徒长的弹簧草

晒伤后的木叶克里克特寿

因缺光而"摊大饼"的拟石莲属植物

空气

　　新鲜而流通的空气对多肉植物的生长也有促进作用。有条件的话，还可对多肉植物进行"野养"。所谓的野养，也称露养，就是除了冬季和早春较为寒冷的季节外，将仙人掌科、龙舌兰科、萝藦科、夹竹桃科等"夏型种"多肉植物和'落日之雁'、艳日辉等习性强健的景天科多肉植物，放在室外空气流通、阳光相对充足之处养护，这样因为有较大的昼夜温差、充足的紫外线、流通的空气，植物能够长得健壮结实，颜色鲜亮。但要注意预防暴雨、连续阴雨以及冰雹、霜冻等恶劣天气，初冬季节及时移至室内，以免遭受不利天气影响。如果在阳台等密闭的环境中，也要时常打开窗户进行通风换气，有条件的话，还可以安装定时电风扇，以保证空气的流通。

土

多肉植物对土壤的基本要求是具有一定的颗粒度，疏松透气，排水性良好，含有一定的腐殖质、少量的石灰，呈中性或微酸性（有些品种可为弱碱性）。常用的材料有园土、腐叶土、泥炭土、草炭、炉渣、砂子、蛭石、珍珠岩，以及赤玉土、兰石、植金石、帝王石等。可根据植物种类、盆器、栽培环境的差异进行合理配比，为多肉植物提供一个舒适的生长环境。

还可在盆面铺一层石子、赤玉土、风化石或其他颗粒性材料，谓之"铺面石"。铺面石既有保持其干净美观的效果，又有防止浇水时将泥水溅到植株上的作用。

水

多肉植物虽然有着极强的耐旱能力，但耐旱并不等于喜旱。如果长期处于干旱环境，植株虽然不会死亡，但也不会生长，影响其健康。即使是生长也是极为缓慢，植株干瘪，缺乏生机，严重影响观赏价值。因此，在生长季节，一定要给予充足的水分供应，这样才能使植株生长旺盛，生机盎然。多肉植物在浇水时一定要浇透，使多余的水分从盆底的排水孔中流出，这样可将土壤或水分中所含的无机盐等物质冲出，避免其附着在根上，影响根系的吸收功能。无机盐附着严重时还会造成烂根，使植株常年不长，半死不活的。为了改变这种情况，除了浇透水外，在浇灌芦荟科瓦苇属的玉扇、万象、寿、玉露的时候，还可用盐酸将水的 pH 值调节到 5.2 左右，在植物能够承受的范围内，将附着在根部的无机盐冲掉。但休眠期就要严格控制浇水了，不少人栽培多肉植物失败的原因都是"手痒"，控制不住自己的手，在休眠期浇水不当而导致植株烂掉。因此，在休眠期一定要管住自己的手，切莫盲目浇水。

应该注意的是，浇水时间更要掌握好。冬天及初春，应该在上午至中午浇水，水温也不要与环境温度相差太大；而在夏秋季节一定要避开中午及午后的高温时间浇水，最好在较为凉爽的早晚时段浇水。

肥

在人们的印象中，大多数种类的多肉植物都生长在土壤贫瘠、干旱少雨的热带沙漠或半沙漠地区，因此不少人都认为这类植物耐干旱和贫瘠，栽培中只需浇少量的水，根本不用施肥。其实，这种看法是错误的。这类植物在生长过程中也需要水分和养分，在干旱和贫瘠的环境中它们虽不会死亡，但生长缓慢甚至停滞，植株颜色暗淡，缺乏生机，严重影响观赏。所以，在多肉植物的生长期，对于生长旺盛的植株不但要给予充足的水分，而且还要通过施肥来补充营养，促使其茁壮生长。

多肉植物的施肥可分为基肥和追肥两大类。基肥一般在栽种时直接掺入土壤中，常用的有草木灰、骨粉、贝壳粉、腐熟的禽畜粪等。由于大多数品种的多肉植物都喜欢石灰质的土壤，因此可在土壤中掺入适量的骨粉、蛋壳粉等石灰质材料。追肥则应根据不同的品种和生长期的差异进行。新栽的植株、长势较弱的植株都不要施肥。对于大多数多肉植物来说，在生长期可每半月施一次肥，生长缓慢的品种也可每月施一次，有些生长极为缓慢的品种甚至可不用施肥。施肥前几天不要浇水，等盆土稍干燥后再施肥，以利于植物根部的吸收。除了叶仙人掌等个别品种外，大多数多肉植物根部的渗透压都很低，因此肥液的浓度一定不要过高。肥料的种类应视植物的品种和生长阶段的不同而异。一般小苗期、叶多肉类且呈绿色的植物氮肥施用量可稍多一些，而处于花芽分化期和开花结果期以及植株呈球状、柱状，叶色为红、黄或其他非绿色的品种应多施磷钾肥，茎干状多肉植物则要多施钾肥。所用的有机肥可选择加水发酵的豆饼、芝麻饼以及鸡粪、鸽粪、骨粉等，无论何种肥都要充分腐熟，并加水稀释后才能使用。无机肥中的尿素、磷酸二氢钾、过磷酸钙等和市场出售的各种复合肥、家庭养花专用肥，也可在植株生长旺盛时使用，但浓度要低，次数要少，否则会造成土壤板结，影响植株生长。但未经腐熟的蛋壳、豆浆、鲜牛奶等不可使用，含盐分的肉汤、骨头也不可使用。施肥时注意不要把肥液溅到植株上。还有一种缓释性肥料，因其使用简便、干净卫生而深受玩家的喜爱，其外观呈黄色小颗粒状，可放在盆土表面，缓慢地释放养分，供植物吸收。

多肉植物的施肥还要根据品种的差异，按不同季节进行。如在5月，龙舌兰科、仙人掌科、夹竹桃科、萝藦科等科的大多数多肉植物都是处于生长的旺季；但番杏科的生石花属、肉锥花属、对叶花属，芦荟科瓦苇属的万象、玉扇、玉露、瑞鹤，风信子科的弹簧草、佛座箍等冬型种多肉植物，则逐渐进入休眠期或半休眠期，生长完全停滞或极为缓慢，所需要的养分不多。因此，对于前者一定要给予充足的水肥供应，后者则要停止施肥，以免造成烂根。而到了9月以后，冬型种多肉植物则逐渐开始生长，应注意施肥，以提供充足的养分，促进植株生长；夏型种多肉植物则逐渐进入休眠状态，就要停止施肥了。

多肉植物养护月历

由于原产地的环境差异，多肉植物的生长习性也不尽相同。多肉植物按生长习性不同，大致可分为冷凉季节生长的冬型种、温暖季节生长的夏型种和介于两者之间的春秋型等3种类型。需要指出的是，即便是同一类型的植物，甚至同一种植物，成株与幼苗的习性也不完全相同。在养护中除了要注意这些习性差异外，还要考虑不同地区的气候差异。

1月

1月是一年当中最为寒冷和日照较少的一个月。多肉植物管理应以防寒保温和增加光照为主。

对于大多数种类的多肉植物来说，0℃左右植株不会死亡，但其生长会受影响，有些品种表面会产生难看的黄斑。因此，1月份最好保持5℃以上，并有一定的昼夜温差，以确保安全越冬。光照不足，会造成植株徒长，使得植株变形，而一旦这种现象发生，就很难再恢复到原来的状态。总之，在冬季，给多肉植物再多的阳光也不嫌多。

万象

　　由于温度低、日照少，土壤的水分蒸发较慢，浇水也不宜过多，以免积水造成烂根。但如果有完善的保温措施、充足的光照，对于处在生长期的植物还是要浇水的，以满足其生长的需求。

2 月

　　随着春天的到来，气温会逐渐升高，但南北方的温度会相差很大，即便是同一地区，不同的时间温度也相差很大。2 月的管理应根据各地不同气候条件和栽培环境采取相应的措施，北方地区仍按 1 月多肉植物的管理方法进行。在长江中下游地区，白天温度可达 10~15℃，但气温还不稳定，时常有寒流发生，可谓"乍暖还寒"，此时千万不要将植株搬出室外，也不要急着开棚，因为冷风的吹袭会使植株"感冒"。

长生草

　　本月生石花开始脱皮（有些种类在 1 月甚至 12 月就开始脱皮），应多接受阳光的沐浴，并严格控制浇水，甚至可以完全断水，以使老叶干燥枯萎，促进新叶的生长。

3 月

　　随着温度的继续回升、昼夜温差的加大，夏型种多肉植物 3 月就开始苏醒，准备生长了。此时，不要急着把它搬出去，可先打开花房的窗户进行通风透气，使植株逐渐适应外界的气候。特别是南方天气晴朗、阳光充足时更应如此，以免因小环境温度过高，

皱叶麒麟

蒸坏或闷坏了植物。北方地区若遇寒流、倒春寒或大风降温仍要关紧门窗，以免植株遭受冻害。

对于大多数夏型种多肉植物，可在本月中下旬进行换盆，并结合换盆进行分株繁殖。此外，对于春秋型的多肉植物还可进行扦插繁殖。如果温度合适，也可在室内播种繁殖。

4月

随着天气进一步转暖，夏型种多肉植物4月开始生长，可逐渐搬到室外接受阳光的照射和春风的沐浴。没有翻盆的植株可继续翻盆换土，并结合换盆进行分株繁殖。冬型种多肉植物的生长速度则逐渐变缓，甚至停止。其管理方法因种类和具体气候不同而异。

腹部水泡

由于本月的气温变化较大，应注意天气预报，掌握气候变化。当温度超过25℃时，应及时进行通风降温，防止因温度过高将植物"蒸"坏；若遇连续的阴雨天气，则应注意防止被雨淋，以免积水造成植株腐烂。本月还是夏型种多肉植物播种、扦插、嫁接的好时机。对于有病虫害隐患的植株要及时喷药预防，介壳虫也要刮掉。

5月

5月温度适宜，昼夜温差大，日照时间长，为夏型种多肉植物的生长创造了有利的条件。此时可将多肉植物放在室外阳光充足处养护，这样可使植株壮实，色泽美观。还可结合换盆，对其进行分株、扦插、嫁接和播种繁殖。对于某些开花的仙人掌科植物还可通过人工授粉来育种。

红刺麒麟

本月气候适宜，害虫也开始活跃，应注意防治。要改善栽培环境的通风条件，防止因感染病菌而使植株产生不正常的黄斑、黑斑、褐斑，以及其他生理性病害。若发现有病斑应及时喷洒杀菌药物防治，以免扩大感染范围。

而冬型种多肉植物则由于温度的升高而生长缓慢，应注意控制浇水。放在室内的植株应注意通风，以免闷热的气候"蒸"坏心爱的"肉肉"。

6 月

6月是一年中光照时间最长的月份。充足的阳光、炎热的气候，非常适合夏型种多肉植物的生长，大多数夏型种多肉植物都在本月开花。而冬型种的多肉植物生长完全停止。本月下旬我国的南方地区进入高温、闷热、潮湿的梅雨季节，这种气候对原产在沙漠或半沙漠地带的多肉植物的生长极为不利，对其管理要格外小心。

笹吹雪

对于正在开花的多肉植物还可进行人工授粉，收获种子，为播种繁殖做好准备。安博沃大戟以及仙人掌科的乌羽玉、龙王球、兜等夏型种多肉植物，种子采收后要及时播种，因为新鲜的种子发芽率较高；如果暂时不能播种，种子最好放入冰箱，以保持其新鲜程度。

7 月

7月是一年当中最为炎热的一个月。其气候特点是高温、闷热、潮湿，这种环境对大多数种类多肉植物的生长极为不利，因此本月多肉植物的管理重点是通风、降温。

玉扇

本月是洪涝、暴风、冰雹等自然灾害多发的月份，应经常了解气象信息，若有暴风雨、连续阴雨、冰雹等天气，要及时采取应对措施，以免造成损失。此外，还要经常巡视检查，一旦发现因真菌感染而腐烂的植株应及时清除或隔离，并喷洒灭菌灵之类的药物，以免发生大面积感染。北方地区在高温干燥和通风不良时红蜘蛛的危害严重，可加强通风，适当增加空气湿度进行预防；鸟类的啄食、鼠类的啃食，也会给植株造成损伤，也要注意预防。

8 月

8月是一年当中较为炎热的一个月，虽然8月7日左右就立秋了，但在8月的上、中旬，"秋老虎"仍在发威，南方地区表现得尤为突出，"闷热潮湿"依然是我国大部分地区气候的"主旋律"。到了本月下旬，在北方地区昼夜温差加大，气候也逐渐转凉。本月秋高气爽、空气的通透性好，阳光也特别强烈，防晒工作是重中之重。由于本月仍是暴雨、冰雹等强对流天气的多发季节，应经常了解气象信息，若遇恶劣天气应及时采取防范措施。

松笠团扇

本月的中、下旬，我国的北方地区天气逐渐变凉，昼夜温差加大，冬型种多肉植物可进行翻盆、换土，而我国南方地区由于气候较为炎热，其翻盆换土时间要相应向后推迟，可到9月初进行。

9 月

9月的气候特点是天高云淡，昼夜温差较大，温度凉爽宜人，是大多数种类多肉植物生长的旺季。由于本月秋高气爽，空气的通透性好，能见度高，在晴朗的天气里，中午前后阳光特别强烈，极易灼伤植株，轻则留下难看的疤痕，重则甚至整株死亡。各种不同种类的弹簧草虽然是冬型种多肉植物，但本月正处于新叶的生长阶段，如果此时光照不足，会使叶片徒长，卷曲程度不高，看起来跟韭菜似的，很难突出品种特色。

本月"秋老虎"还时常发威，其肆虐程度不亚于夏季的高温炎热，在长江以南尤其显著，此时应注意通风降温。

鱼骨大戟

而秋天的雨往往能持续下数日，即所谓地的"秋雨连绵"，这种天气对多肉植物的生长极为不利，应注意防雨防涝。

10月

10月气候凉爽宜人，昼夜温差较大，是多肉植物生长的好季节。本月日照时间渐短，可不必遮光，使多肉植物在全光照下生长。

冬型种多肉植物在本月还可翻盆换土，进行分株、扦插、播种等繁殖工作。正处于花期的番杏科植物应及时进行人工授粉，并有针对性地挑选那些健康充实、能够突出本种特点的不同植株相互授粉，这样才能获得品质优良、出苗率较高的种子。

本月气候适宜，是引进冬型种多肉植物的好时机。无论是从花市上购买的，还是网上、大棚购买的，新购进的植株一定要注意检查有无害虫。对于番杏科的生石花、肉锥花等要检查根部有无根粉蚧；如果有，不仅要把成虫清除，还要把虫卵清理干净。

生石花

11 月

11 月是秋天的尾巴、冬季的开始。此时南北方的温度相差很大，但总的气候特点是温度继续下降，不时有寒流南下，夜晚常有霜冻发生，我国北方大部分地区都有降雪的可能。本月初就要将多肉植物移入室内养护，以防冻害发生，尤其要防夜晚的霜冻。

肉锥花

本月所有类型的多肉植物都要尽量给予充足的阳光。光照不足会使正处于生长期的植株徒长，若再加上高温、盆土潮湿，更容易造成徒长，严重时还会造成植株腐烂。因此，栽培中要尽量避免这种不利的环境，若温度过高、光照不足，可适当降温，控制浇水，使其长得慢些，以保持株型美观。

12 月

12 月是一年中较为寒冷和光照时间最短的一个月，此时多肉植物管理应以保温和增加光照为主。

在我国的大部分地区，12 月所有的多肉植物都要移至室内养护，不论什么类型的多肉植物都要尽可能多地接受阳光照射。如果家庭栽培环境不好，只有一小部分地方能够接受阳光的照射，可将正处在生长期的植株摆放在这里，使其接受阳光的沐浴，健康生长；把处

福神球

于休眠期的植株放在光照稍欠的地方，并控制浇水，甚至可以完全断水，使植株在睡眠中度过寒冷的冬季。

多肉植物的繁殖

多肉植物的繁殖主要有播种、分株、扦插、嫁接、组培等方法。

播种

这是多肉植物最原始的繁殖方法，也是培育新品种的主要方法。

用播种方法繁殖的苗称为实生苗。实生苗虽然初期生长缓慢，但品相好，端庄耐看。大戟科的筒叶麒麟、皱叶麒麟之类植物的实生苗能长出肥大的块根，很受玩家的青睐，当然其价格也相对较高。如果运气好的话，还能从播种后长出的苗中选出一些优良的变异种。

但对于芦荟科瓦苇属的万象、天使之泪、玉扇，景天科的乌木、东云等一些名优品种来说，用播种方法繁殖的实生苗则意味着杂交、变异、血

统不纯，被称为"XX 系""XX 杂"，像万象中的"雪国系"，天使之泪中的"天使杂"等。

要获取优良的种子必须要有良好的母本，其特征是：植株生长健壮，基本无病虫害，具有该品种的优良特点。每个品种要有两株以上，最好它们有着不同的来源，以免出现近亲繁殖现象，影响种子质量。在开花时可进行人工授粉，以获取种子，种子成熟后要及时采收，以免流失。

肉锥花属、生石花属等番杏科多肉植物的果荚为吸湿性蒴果，具有遇水即开裂、释放出种子的习性。如想从这类果荚取种子，可将果荚放在盛有清水的小碗里，等果荚开裂后，用手指捻出种子，种子就会沉到水底，然后倒去清水，将种子晾干后贮藏。

白拍子的种子　　　　　　　　　用播种方法繁殖的生石花

在自然环境中，多肉植物的播种时间，可根据其生长类型的不同选择合适的季节。像冷凉季节生长的生石花、肉锥花、万象、玉扇、玉露、弹簧草等品种，最好在秋季或冬季、早春播种；而乌羽玉、兜、龙舌兰类、沙漠玫瑰等温暖季节生长的品种，最好在晚春、夏季、初秋等季节播种。播种还要注意种子的新鲜程度，最好用当年或者上个生长季节所采收的种子，甚至可以随采随播，以保证出芽率。

播种用土要求疏松透气，具有较小的颗粒度和一定的肥力，可用草炭或泥炭掺蛭石和细颗粒的赤玉土混合配制，最好能用微波炉或者高锰酸钾进行消毒灭菌。播种可根据种子颗粒的大小，采用点播或撒播，像番杏科的生石花、肉锥花和景天科的雪莲、东云等品种，因种子细小，播后不必覆土；仙人掌科的乌羽玉、兜和芦荟科的玉露、万象、卧牛等籽粒较大的种类，播后可覆土，其覆土厚度为籽粒大小的 2 倍左右。播后在盆面覆盖玻璃片或塑料薄膜，保温保湿。对于大多数的多肉植物来说，种子发芽需要较高的土壤湿度，即便是喜欢干燥的生石花等种类，播种后也要求有足够的湿度和温度，甚至可以用水将种子泡起来。因此，播种后应随时检查土壤的湿度，干旱时及时补充水分，以保持土壤有足够的湿度，保证种子的正常萌发。浇水不要从盆面浇，以免将种子冲走；可采用"洇灌"的方法，即将花盆放在水盆里，使水通过盆底的排水孔洇入土壤。

这里推荐一种简单实用的饮料瓶播种方法：将透明的饮料瓶或油瓶（其大小可以根据播种的数量多少而定）清洗干净后，在底部打孔，以利于排水；然后从中间偏上的部位剪开，瓶的底部放入大颗粒材料，再撒上播种所需要的介质，播后将土壤浸湿，然后把饮料瓶的上半部罩上。这样就形成了一个空气湿润、透光性很好的空间，而且还可以通过顶部的瓶口散热，种子发芽后可以在里面健康生长。需要注意的是，由于饮料瓶内的空气湿润，空气流动性差，很容易滋生青苔和杂菌，应定期喷洒多菌灵、百菌清等杀菌药物，并注意清除青苔。如果发现有弹尾跳虫、线虫之类的土壤害虫，也要及时喷药防治，以使小苗健康生长。当苗长到一定大小时，要进行通风"炼苗"，可将上下连接处打开一条缝隙，使小苗逐渐适应外界环境。若小苗生长过于拥挤，就应及时移苗分栽。

"三高"法播种，是仙人掌科植物常用的播种方法。所谓"三高"，即高温、高湿、高锰酸钾。下面就以仙人球为例，简单介绍播种的具体步骤：①将饮料瓶的中间部分截去，并在底部打孔，以利排水；②底部与上部套在一起；③如果数量多，也可用大的油瓶；④将少许的高锰酸钾放入容器中；⑤加入适量的水搅匀，使其溶化；⑥将配好的播种土放入饮料瓶中后，再把饮料瓶放入高锰酸钾溶液中进行消毒；⑦将筷子头浸入高锰酸钾溶液中，消毒杀菌，并使之湿润；⑧将种子黏附在筷子头部；⑨播入土中（对于生石花等种子细微的种类，可用撒播的方法）；⑩再对土壤喷一次多菌灵之类的杀菌药物，予以杀菌，然后将饮料瓶的上下部分扣合，等待种子

播种繁殖仙人球

发芽；⑪种子发芽了；⑫用塑料油壶播种的也出苗了；⑬光照过强，可用一层乃至数层白色塑料袋将其包裹；⑭不同容器播种的仙人球苗；⑮播种后长成的羽毛球苗。

扦插

扦插是多肉植物的主要繁殖方法之一。用扦插方法繁殖的植株谓之自根苗。对于大多数多肉植物种类来说，自根苗能够长出发达的根系，健康生长，并开花结果；但对于夹竹桃科的沙漠玫瑰、惠比须笑，大戟科的筒叶麒麟、皱叶麒麟、飞龙和仙人掌科等具有肥大块根的种类，自根植株往往只有发达的肉质根或须根，而长不出肥硕的块根。

扦插的方法包括茎插、叶插、根插、芽插等。

在介绍扦插方法之前，我们先认识一个词——"砍头"。所谓的"砍头"也叫"切顶"，是将某些种类的多肉植物从中间截断。上部的"头"晾一段时间伤口干燥后，另行扦插；下部的"把子"（也称底座）就会萌发出芽，等这些芽长到一定大小时，取下扦插。此法常用于一些珍贵和难以从基部萌发侧芽的种类，像芦荟科瓦苇属的万象、玉扇、玉露、寿、天使之泪、瑞鹤，龙舌兰科的冰山、辉山，景天科的东云、富士、凤凰等株型呈莲座状的种类，以及大戟科、萝藦科、仙人掌科的一些肉质茎呈柱状或球状的种类。

砍头后的'罗密欧'东云　　砍下的"头"扦插成活　　经过一段时间，'罗密欧'东云底座发芽了

茎插　适用于仙人掌科、大戟科、萝藦科、马齿苋科、景天科、夹竹桃科等一些茎部独立的种类。方法是取其健壮充实的肉质茎，晾数天，

晾的时间根据品种而定：像叶仙人掌、虎刺梅、马齿苋树、花椿、花月、莲花掌、艳日辉等肉质茎较细的种类，晾 5 天左右即可；而对于仙人球、大花犀角、丽钟阁、帝锦、春峰等肉质茎较粗、其伤口较大的种类，可晾 7~10 天或更久；像有些从三棱箭上取下的茎段，因伤口较大，可晾 15 天以上。总之，晾的目的是让伤口干燥，以避免其感染病菌，造成腐烂，有些"砍头"的"头"甚至可以晾到从根部长出新根再上盆栽种。

叶插　适用于景天科拟石莲属、伽蓝菜属、青锁龙属的某些种类，芦荟科瓦苇属的玉扇、万象、寿、玉露等软叶系列的种类，琉璃殿等少数硬叶系品种，以及脂麻掌属的卧牛、卧牛龙、恐龙等。叶插时取健壮充实的肉质叶，要求有完整的基部，以利于萌芽（当然，也有些种类的多肉植物将叶子掰成数片，每片都能生根发芽，像景天科青锁龙属的神刀、伽蓝菜属的落地生根等）。扦插前叶也要晾 3~5 天，使伤口干燥。然后将叶平放或斜插在土壤中，使其基部与土壤结合紧密。此后保持土壤湿润，但不要积水，以免造成叶子腐烂。过一段时间后，扦插的叶基部就会长出一个或数个新芽；等这些新芽长大后，取下就可用于种植。

准备掰叶的大和锦

要掰的叶子

等伤口干燥后平放或斜插在基质中

基部萌芽

新芽长成幼株

将幼株掰下栽入土壤中

叶插的虎尾兰　　　将落日之雁的成熟叶子掰下，　叶插的贝叶寿
平放在介质上即可发芽

根插　主要用于芦荟科瓦苇属的万象、玉扇等有着较粗肉质根的品种。万象、玉扇的根插有以下两种方法：一种是用隔年的壮实根，从植株的根基处切下，埋入土壤中，顶部露出0.5~1厘米，保持介质半湿，并注意遮光，其顶端会有新芽长出。另一种方法是将植株连根稍稍拔起，在主根离茎部0.5厘米处全部切断，残留在盆土中的根则有新芽长出；剩余的部分晾几天，等伤口干燥后重新栽种，成为新的植株。

根插的万象已经萌芽

分株

分株主要用于龙舌兰科、芦荟科、景天科、大戟科、萝藦科等基部容易萌发侧芽的种类，番杏科肉锥花属、舌叶花属等容易群生的种类，某些容易从基部萌发新芽的仙人掌科植物也可用分株的方法繁殖。方法是在生长季节或者休眠期刚结束的时候，将群生的植株从盆中扣出，分成数株，然后分别栽种即可。为了防止伤口感染病菌而造成腐烂，可在伤口涂抹硫黄粉、木炭粉、多菌灵等。最好能晾几天，等伤口干燥后，再植于土中。种植后应保持土壤稍干燥，以促进根系的恢复。

嫁接

嫁接主要用于仙人掌科、大戟科、萝藦科和夹竹桃科一些品种的繁殖，在仙人掌科植物中斑锦类植株上的应用尤为广泛，可有效地加快生长速度，促使植株提前开花。此法在新品种引进、珍稀品种的保存与抢救以及规模化生产等方面有着重要意义。由于嫁接植株存在容易提前老化、株型较为松散和不够自然等问题，因此往往不被真正的玩家接受。但一些植株呈红、黄、白等颜色的斑锦变异植物，由于体内叶绿素稀少，必须嫁接，依靠砧木提供养分，植株才能生长迅速。

砧木的选择　用作砧木的品种要求根系发达，适应性强，长势强健，与接穗有着有较好的亲和力，抗病力强，有一定的耐寒性。常用的砧木有仙人掌科的量天尺（也称三棱箭）、草球（包括花盛球、短毛球等仙人球属植物）、青叶麒麟（对多种仙人掌科植物都有着很好的亲和力，而且习性强健，长势旺盛，可用于嫁接多种仙人掌科植物）、叶仙人掌（常用于嫁接蟹爪兰、仙人指以及山吹、子孙球等小型球）、仙人掌、龙神木、袖浦柱等，大戟科的霸王鞭、帝锦、巴西龙骨，萝藦科的大花犀角，夹竹桃科的非洲霸王树、棒槌树等。

嫁接方法　主要有平接、劈接等方法。

平接，是多肉植物嫁接中应用最广泛的方法，适用于大多数的仙人掌科、萝藦科、夹竹桃科、大戟科等科的多种多肉植物。方法是选择健壮充实的砧木，在适中的位置用锋利的刀横切一刀，再把各棱的边缘作 20°~45° 斜削，然后将接穗下部也横切一刀，立即安在砧木上。放置时要注意接穗与砧木的维管束要对齐或者有部分重合，然后用线或者皮筋纵向均匀地捆几道，以利于两者结合紧密。

准备嫁接绯牡丹的砧木　　将其顶端切削　　切削完成后

取下作接穗的绯牡丹小球　　　接穗的底部削平　　　　将接穗与砧木的维管束对齐

用细线捆绑，使两者结合紧密　　　象牙球锦的一个疣突嫁接成活后，萌发小球

　　劈接多用于嫁接蟹爪兰、仙人指、假昙花、令箭荷花、落花之舞等植株呈片状的多肉植物。砧木可选用厚实的片状仙人掌、量天尺等。方法是将砧木横向切一刀，再在其切口纵向切一口，再将接穗削成楔形或鸭嘴形，插入砧木的切口内，固定好就可以了。

　　由于叶仙人掌、青叶麒麟等植物呈灌木状，用其做砧木嫁接蟹爪兰等植株呈片状的种类时，可将砧木劈开，将接穗下部的皮削去，插入砧木中即可。而用其嫁接山吹、子孙球等小型球类时，可将叶仙人掌的枝条削尖，插入接穗内。

　　嫁接后的养护　嫁接好的植株宜放在没有直射阳光处养护，要求有一定的空气湿度、适当的通风，以利于伤口的愈合。浇水时要避免水洒到砧木与接穗结合处的伤口上，甚至在这段时间内可以完全断水，以免伤口感

以青叶麒麟为砧木嫁接的乌羽玉　　　　以巴西龙骨为砧木嫁接的彩叶麒麟

染病菌而造成腐烂。小球嫁接后 4~5 天、大球 7~8 天，接穗仍能够保持饱满不萎缩，表皮不变色，即表示嫁接成活，此时可解除绑线。以后一段时间内仍需适当遮光，并注意勿使外力碰到接穗，以免将其碰掉。

组培

　　组培，即组织培养的简称，常用于芦荟科瓦苇属、沙鱼掌属、芦荟属等种类的多肉植物繁殖。它繁殖系数大，能够批量生产，可拉低高档品种的价格，有利于高档品种的普及化；但也会使得一些珍贵品种泛滥，使得一些资深玩家对其失去兴趣，像曾经一苗难求的'冰灯玉露''霓虹灯玉露'等，因组培量过大，而成为"街边货"。据一些爱好者反映，组培货还不好养，长得慢，容易烂。因此，组培在多肉植物圈内争议很大，认为组培苗与仙人掌类植物嫁接一样，都是"低档"的象征，是很不上档次的东西。其实，组培的东西只要养护得当，照样能够长得很好，开花结籽，繁衍生息。

　　由于组培对环境、设备、技术都要求较高，如果没有专业化的组培设施很难进行。因此，普通的多肉植物爱好者很少采用此法繁殖。但这并不妨碍我们

'冰城寿'

去购买一些经过充分"硬化"（组培快繁苗由于在一个几近完美的环境下生存，其抗逆性和自控性很差，这就需要从实验室进入温室后进行驯化栽培，行内称作"硬化"）的组培苗或成株。

一般认为，组培的苗子属于无性繁殖，能够遗传亲本的基因，保持母本的特征。其实，这种认识也不完全都对。在组培中由于种种原因，也会产生很大的变异，像'西瓜寿'就是红纹寿的组培变异品种，磨面寿的组培变异'冰城寿'，康平寿的组培变异'裏般若'。这三者叶的背面都有透明的"窗"结构，因此被称为"背窗三杰"（也称组培变异三杰）。当然，也有一些组培苗子会往不好的一面发展，像某些名品万象的组培苗的"叶窗"变得浑浊，缺乏通透感，纹路丢失，这也是某些人讨厌组培的一个重要原因。

'裏般若'   组培的瓦苇苗

多肉植物病虫害防治

病害

腐烂病   包括赤腐病、软腐病、黑腐病等，由细菌从伤口侵入植株体内引起的，轻者植株局部腐烂，重者整个植株都会烂掉，植物化成一摊水，故此病也被爱好者称为"化水"。一旦发现腐烂病可采取以下措施及时救治：先将植株从土中挖出，切去腐烂的部位，在伤口处涂抹多菌灵、硫黄粉等，并晾到伤口干燥，甚至晾到新根露头后再入土栽种，以免造成伤口再度腐烂；如果腐烂部分过大，无法挽救的话，只有将植株丢弃。用过的土和盆器要进行彻底灭菌消毒后才可再用。此外，景天科、芦荟科、番杏科、仙人掌科等植物的植株遭受冻害时，水分子结冰，刺破细胞壁，也会造成化水现象。

遭受冻害，即将化水的蒂亚

炭疽病　主要是在叶片出现黑斑，病斑上多具轮纹状排列的小黑点，严重时整个植株的叶片全部黑尖，中间部分出现块状黑斑，使叶肉萎缩，甚至出现死叶。

立枯病　表现为整个茎部萎缩变红，叶片脱落。脱落的叶片也不能用来叶插，最终变红变黄，直至枯萎。

炭疽病、立枯病以及猝倒病、锈病、霜霉病等均为真菌性病害，都可以通过浇灌甲基硫菌灵＋利效灵来防治。

此外，还有一类因栽培环境不良引起的生理性病害，像因缺光造成的徒长，强光暴晒引起的灼伤，积水引起的烂根，闷热潮湿引起的腐烂，长期不换土、不修根造成的根系老化，丧失吸收能力等。这些病害可根据病因采取相应的措施来矫治，如改善栽培环境、适当增加光照，每年都要进行换土等。加强管理，提高多肉植物自身的免疫力，是抵御各种病毒、病菌的侵害的最有效办法。

虫害

介壳虫　包括粉蚧、盾蚧、根粉蚧等，这是多肉植物栽培的杀手，对于植物来说是最顽固的一种虫害了。一旦感染了介壳虫，少量发生的可用棉签蘸醋人工清除，我们也可以到农资部门去买正式的溶蜡性的杀虫剂来进行防治，如蚧必治、赛速杀、克百威等。

红蜘蛛　危害仙人掌科、大戟科、萝藦科等多种多肉植物，在高温干燥、通风不良的环境中繁衍最快。植株受害后表皮呈铁锈色，生长衰弱，即使喷药杀死虫体后，锈斑也不会消失。受害植株不仅影响观赏，而且会造成抗性下降、生长缓慢，甚至停滞。由于红蜘蛛虫体很小，肉眼难以看清，往往发现时为时已晚。这就要求平时注意预防，在闷热的天气注意加强通风，向周围洒水，以增加空气湿度。发现虫害后及时喷药，氧化乐果、敌敌畏、三氯杀螨醇等都是不错的选择，具体药的使用方法和浓度可以参考说明书。对于已经造成危害、形成锈斑的植株，可在杀灭虫体后作为繁殖母株来用，砍去顶部，促发仔球，等仔球稍大些切下扦插。

玄灰蝶 一种色彩素雅、体态娇小的小型蝴蝶，翅膀呈灰色，有深色斑点。玄灰蝶能够危害多种景天科多肉植物，对石莲花属、莲花掌属、景天属、青锁龙属植物更是情有独钟。它先是把卵产在植物的叶片上，10天左右孵化出幼虫，幼虫青绿至深灰绿色，有人称之为"小青虫"。幼虫以啃食植物的茎、叶等部位为生，并在肥厚的肉质叶或茎上蛀洞，在里面吃、住、排泄，俨然把这里当成了风吹不着、雨淋不到的"家"。最后，把叶子内部的肉质吃光，使得叶子只剩一层透明的皮。植物为了对付玄灰蝶幼虫的危害，则采取了"壮士断腕"的自残方法：受害的肉质叶轻轻一碰就脱落，以脱离母株，避免主体受到进一步伤害，最后茎秆变得光秃秃的。这种现象很容易误认为是感染了黑腐病之类的病害，匆忙中将其"砍头"，进行挽救，但"砍头"后又找不到黑腐的部位，一些生长多年的老桩因此被毁掉。更为严重的是，这些被玄灰蝶幼虫啃食的伤口还会因下雨或浇水时沾水而导致腐烂，严重时整个植株都烂掉，甚至大面积腐烂。此外，玄

玄灰蝶的幼虫将方塔的中心蛀空

被玄灰蝶幼虫啃食的'千代田之松'，叶子只剩一层皮

灰蝶的幼虫还会对薄雪万年草、姬星美人等景天科植物造成毁灭性的危害，使其大面积枯萎死亡。

玄灰蝶的羽化是在土壤中进行的，吃饱喝足的幼虫钻入土中化蛹，最后变成成虫，即玄灰蝶。成虫到处飞舞，寻找交配对象，然后产卵、孵化，进入下一个生命周期，继续危害。玄灰蝶还会分泌一种气味留在所产卵的植物上，闻到这种气味的玄灰蝶会成群结队地来此交配产卵，而且每只雌虫能产上百粒卵，因此很容易大量爆发，难怪有人称之为"景天杀手"。

对付玄灰蝶关键在预防，植物数量少时可设置防虫网。若发现成虫在植物上飞来飞去，就要注意喷药防治。若发现幼虫或者有受害的植株，要及时用药，以免造成大损失。玄灰蝶并不是很难杀灭的害虫，普通的农药都能将其杀灭，关键是要及时防治，并注意更换药物，以免产生抗药性。

对于受害的植株则要加强通风，控制浇水，以免因伤口感染造成植株腐烂。对于脱落的叶子要及时做销毁处理，避免其内部的虫子逃逸，造成再次危害。

尖眼蕈蚊　成虫很小，仅 3.8 毫米，灰黑色，会飞，故俗称"小黑飞"。其幼虫蛆状，长 4.7~5.8 厘米，白色半透明状或乳白色，生活在潮湿的土壤中，以土壤中的腐殖质为食，也啃噬植物的根部，使伤口被真菌感染，造成烂根，严重时甚至植株都烂掉；成虫则会啃食植物的叶子和嫩茎，形成小的疤痕，影响美观。

"小黑飞"的生命力并不是很顽强，普通的植物杀虫剂就能将其杀灭。对于土壤中的幼虫参考下面的土壤害虫进行处理。

土壤害虫　包括根粉蚧、线虫、弹尾跳虫、蚂蚁、蛴螬等，它们生活在土壤里，危害植物的根系；在咬食植物时会形成伤口，从而造成菌类或病毒感染，使得植物腐烂，甚至死亡。防止这类害虫，可用微波炉或其他方法对土壤进行高温处理，并在土壤里掺些丁硫克百威或其他杀虫剂，进行预防。

此外，粉虱、鼠妇、蜗牛、蝗虫、蚱蜢等害虫，老鼠、鸟雀等动物，甚至饲养的猫、狗、鸡、鸭等宠物，都会对多肉植物造成危害。平时要注意防范，以免造成损失。

龙舌兰科　Agavaceae

龙舌兰科植物约 20 个属，670 个原始种，大部分产于热带和亚热带的沙漠或干旱地区，也有少量生长在海滩等地带。多肉类植物主要集中在龙舌兰属、福克兰属、虎尾兰属、丝兰属、酒瓶兰属、胡克酒瓶兰属和龙血树属等。

龙舌兰属（*Agave*）　该属植物是龙舌兰科的代表性植物，全属约有 300 个原始种，还有大量的园艺种、栽培变异种。原产于西半球的干旱或半干旱的热带地区，尤以南美洲的墨西哥种类最多。植株无茎或具短茎，肉质叶旋叠于茎基，呈莲座状排列，大多数种类植株中心的几片幼叶并在一起，呈圆锥状。叶片依品种的不同有狭长呈舟形、剑形、三角形、针形、线形等，叶尖端有尖锐的利刺，叶缘有硬齿刺，叶色有绿、蓝、灰绿等，有些品种叶面上还被有白粉和美丽的斑纹。

原产地的龙舌兰属植物

龙舌兰属植物的花为圆锥花序或伞形花序，花梗粗壮，高达数米，具分枝，雌雄同株，经异花授粉后可结蒴果。大多数品种的龙舌兰一生只开一次花，通常在生长 8~25 年后才能开花，果实成熟后植株逐渐枯萎死亡，但基部会萌发大量的侧芽，有些种类砍去花箭后，虽然植株不会死亡，但生长点已经没有，植株不再长大，只会不断长出侧芽；但也有一些种类隔年开花，甚至每年都能开花，果实成熟后植株还能继续存活生长。

笹之雪
Agave victoriae-reginae

笹之雪

'冰山'

别称鬼脚掌、维多利亚女王龙舌兰。肉质叶呈莲座状排列，叶片绿色，有不规则的白色线条，叶缘及叶背的龙骨凸上均有白色角质，叶顶端或两侧有1~3枚坚硬的刺。

笹之雪的园艺种很多，像'丸叶笹之雪''姬笹之雪''尖叶姬之雪''桃太郎笹之雪''直纹笹之雪''浓白纹笹之雪'等。主要区别在于植株的大小、叶子的宽窄和叶上白纹的疏密等，以株型紧凑、叶子宽而厚实、白纹浓密者为上品。

叶缘呈乳白色；'辉山'叶的两边呈明黄色，在夏秋季节，阳光充足的环境中尤其明显，而冬、春季节或其他季节在阳光不足的环境中，叶缘的明黄色则会逐渐减退，甚至消失，呈纯绿色，如果环境适宜，锦色还会再度显现。其他还有'笹之雪黄覆轮''笹之雪中斑''笹之雪缟斑''雪山''新雪山''姬雪山''笹之雪黄中斑'等。

夏型种，用分株或播种的方法繁殖。

'浓白纹笹之雪'　'直纹笹之雪'
'桃太郎笹之雪'　丸叶笹雪

笹之雪的斑锦品种也不少，其中以'冰山'和'辉山'较为出名。'冰山'

缟斑笹之雪

夏季高温阳光强烈时的辉山

冬季因光照不足斑锦退掉的辉山

笹之雪中斑

笹之雪锦（黄覆轮）

'姬雪山'

'新雪山'

A 型王妃笹之雪

B 型王妃笹之雪

色中斑。斑锦品种有'王妃笹之雪A锦'等。

王妃笹之雪
Agave filifera 'Compacta'

'王妃笹之雪 A 锦'

乱雪的小型变种。叶盘整齐，叶片较短，叶缘有白丝，有时叶面上有稀疏的不规则白色线条，按叶形的不同，可分为 A、B、C 三种。其中 A 型种的叶片短而宽，C 型种的叶片窄而长，B 型种介于两者之间，其叶子在阳光充足、干旱高温的环境中有黄

姬乱雪
Agave parriflora

特选姬乱雪

别称小花龙舌兰。叶片狭披针形，深绿色，有白色角质层，叶缘有卷曲的白色纤毛。园艺种类也丰富，以株型紧凑、叶面上的角质层浓厚洁白凸起、叶缘的白色纤毛长而浓密者为上品。'树冰'就是其中较为著名的品种之一。有缀化、斑锦等变异品种，'姬乱雪锦'有中斑、覆轮、散斑等类型。

姬乱雪黄中斑

'树冰'

姬乱雪缀化

卷曲白色纤维。泷之白丝的类型很多，以叶片排列紧凑、叶面上的白色线条显著而浓、叶缘的白色纤维长而浓密者为佳。斑锦变异品种为'泷之白丝锦'。

泷之白丝
Agave schidigera

泷之白丝

肉质叶平展或呈放射状生长，近似线形或剑形，叶面平整，有少许的白色线条，叶尖有硬刺，叶色浓绿，叶缘白色，每隔一段距离生有细长而

'泷之白丝锦'

甲蟹
Agave isthmensis

'甲蟹锦'

肉质叶呈莲座状排列，青绿或蓝绿色，被有白粉，新叶表面残存有老叶上硬刺"挤压"的痕迹，叶缘有波状齿，每个锯齿顶端都有锐刺，叶先端的刺长而粗大，新刺黄褐色，老刺红褐色。品种有叶缘上的刺连在一起的'连刺甲蟹'，小型种'王妃甲蟹'以及斑锦变异品种'甲蟹锦'等。

甲蟹

'连刺甲蟹'

雷神
Agave potatorum

雷神

　　别称棱叶龙舌兰。肉质叶青绿或蓝绿色，被有淡薄的白粉，叶缘有稀疏的肉齿，齿端生有黄色或红褐色短刺。园艺种有'雷神锦''怒雷神锦''三色雷神锦''风雷神锦等'。

'雷神锦'（白中斑）　　'怒雷神锦'

状，青绿或蓝绿色，被有淡薄的白粉，叶缘有稀疏的肉齿，齿端生有黄色或红褐色短刺，叶的顶端也有一枚短刺。斑锦变异品种有'王妃雷神白中斑''王妃雷神黄中斑''王妃雷神暗中斑''王妃雷神覆轮锦'等。

'王妃雷神白中斑'　　'王妃雷神覆轮锦'

'王妃雷神暗中斑'

王妃雷神
Agave potatorumver schaffeltii
'Compacta'

'王妃雷神黄中斑'

　　别称姬雷神，为雷神的小型变种。肥厚多肉的叶片短而宽，呈蟹壳

普米拉
Agave pumila

普米拉

　　别称姬龙舌。幼株的株幅10~15厘米，甚至更小。其叶片肥厚，三角形，向内凹，顶端尖，叶色灰绿或蓝绿色，

叶背有暗色的细线条，叶缘有小锯齿。这种形态能保持 8~12 年之久，以后一旦有了足够的生长空间，植株就会长成成熟株：其叶变长，呈剑形，长达 30 厘米左右；莲座状的植株则会增大至 60~70 厘米。

普米拉的这种幼株与成株呈不同形态的特性非常奇特，不少人将其看作两个品种。由于国内见到的多为株型不是太大的幼龄植株，因此该植物又有"姬龙舌"的别称，意思是最小的龙舌兰，甚至以讹传讹，将其说成是龙舌兰属植物中植株最小的种。实际上并非如此，成龄的普米拉植株硕大，非常壮观。

仁王冠　'姬仁王冠'

蓝鲸锦　'小岛白刺缀化'

'蓝鲸'　'白鲸'

仁王冠
Agave titanota

'仁王冠锦'（覆轮）

别称严流。肉质叶呈放射状丛生，叶色青灰至蓝灰色，叶缘有显著的深褐色或白色角质层，刺褐色，叶端较尖，并有一枚黑褐色粗刺。品种有'王妃仁王冠''蓝鲸''白鲸''仁王冠锦''小岛白刺'及缀化变异等。

妖炎
Agave utahensis var. *eborispina*

'妖炎锦'

青瓷炉的变种。肉质叶灰绿色，叶缘有弯曲的刺；刺灰白色，顶端褐色，其中叶尖的刺不仅长，而且曲折有致。有'曲刺妖炎'以及斑锦变异'妖炎锦'等。

'曲刺妖炎'

在阳光充足的室外吹上的叶子呈红色

吹上
Agave stricta

吹上

叶细长而质硬，呈放射状笔直丛生，组成近似球状叶盘；叶色灰绿，在阳光充足的环境中会呈红褐色。近似种龙发，叶质稍柔，略弯曲。

小型变种有姬吹上，叶子短，株幅较小，叶尖有褐色刺；其叶色蓝绿者称'蓝肌姬吹上'，黄绿色者称'黄肌姬吹上'。

'蓝肌姬吹上'

'黄肌姬吹上'

棉花糖龙舌兰
Agave albopilosa

棉花糖龙舌兰

别称白头翁龙舌兰。叶顶端有一簇白毛。

吉祥天
Agave fuachucensis

吉祥天

肉质叶倒广卵形，叶缘及顶部有黑褐色硬刺。近似种吉祥冠，肉质叶上部阔而圆。两者均有斑锦及小型园艺种。

吉祥天锦

吉祥冠

吉祥冠锦

鲍鱼龙舌兰
Agave titanota 'baoyu'

鲍鱼龙舌兰

别称贝壳龙舌兰。叶蓝绿色，无斑纹，向内翻卷，形似贝壳。

血雨
Agave mangave 'bloodspot'

血雨

叶长三角锥形，先端尖，灰绿色，略有白粉，有不规则的红褐色斑点，叶缘有红褐色刺。

八荒殿
Agave macroacantha

八荒殿

别称大刺龙舌兰。叶片剑形，坚实挺立，多而密集，先端生有三棱形黑褐色尖刺；叶色灰绿或蓝绿。另有叶呈绿色的'绿肌八荒殿'，斑锦变异品种为'八荒殿锦'。

'八荒殿锦'

剑麻
Agave sisalana

剑麻

'赫祈蓝天'

别称西沙尔麻。原产墨西哥，植株高大，开花时高度达4~7米，肉质叶剑形，在短缩的茎上生成莲座状，叶色灰绿或蓝绿，叶顶具硬刺，叶质柔软，易下垂。

虚空藏
Agave parryi

虚空藏

大型种。叶蓝灰色，顶端有黑褐色锐刺。近似种有娃娃面（圆叶虚空藏），其叶圆而白。

五色万代
Agave kerchovei var. *pectinata*

五色万代

别称五彩万代。肉质叶剑形至披针形，中间呈黄绿色，两边为墨绿色，最外面则呈黄色。近似种有'赫祈蓝天'（也称'格棋蓝天'）等。

赖光锦
Agave parrasana var. *iegated*

赖光锦

叶片宽而长，稍直立，灰绿色，有黄色斑纹。

华严
Agave americana var. *medio-albe*

'那智之光'

别称华岩、中斑龙舌兰。大型种。肉质叶中央有白色斑纹。另有斑纹为黄色的品种，叫'那智之光'或'那智之辉'。

华严

泷雷
Agave 'burnt burgundy'

泷雷

叶色深绿，叶缘有黑色刺。

狐尾龙舌兰
Agave attenuata

狐尾龙舌兰

别称初绿龙舌兰、翠绿龙舌兰、翡翠盘、皇冠龙舌兰。具短茎。肉质叶长卵形，绿色，被白粉。高大的花序呈狐尾状。园艺种有'花叶翡翠盘'，近似种有大叶翡翠盘（*A. attenuate*）等。

花叶翡翠盘

屈原之舞
Agave 'Kutsugen-no-Maiougi'

别称屈原武扇。叶色灰绿，狭长，叶缘有向上翻卷的红色至红褐色刺，有时刺会连在一起，形成类似锯齿一样的形状，顶刺粗而坚硬；斑锦变异品种为'屈原之舞锦'。

'屈原之舞锦'

金边龙舌兰
Agave americana var. *marginata*

金边龙舌兰

别称韦伯利覆轮，龙舌兰的斑锦变异品种。肉质叶剑形，绿色，被白粉，边缘有黄色条纹，并有红褐色肉刺。

三十三间堂
Agave nigra

三十三间堂

挺拔的肉质叶剑形，正面凹，叶色灰绿，顶端具黑刺。

丝兰属（*Yucca*） 该属植物原产中美洲至北美洲，茎很短或长而木质化，有时有分枝。叶近簇生于茎或枝的顶端，条状披针形至长条形，质厚实而坚挺，先端呈刺状，边缘有细齿或丝裂（"丝兰"之名也因此而得）。圆锥花序由叶丛中抽出，花朵钟形，花被片6枚，白色。该属约有30个原始种。

凤尾兰
Yucca gloriosa

凤尾兰

别称凤尾丝兰、菠萝花。肉质叶密生呈莲座状排列，叶剑形，浅灰绿色，质硬，中间稍外凸，顶端有坚硬的刺。大型圆锥花序，花铃形，白色，每年都能开花。凤尾兰有很好的耐寒性，在黄河流域能够露地越冬。

凤尾兰及其同属的丝兰与龙舌兰属的剑麻很相似，甚至有人将之当作剑麻，仔细观察，两者还是有很大区别的。

丝兰
Yucca smalliana

丝兰

别名软叶丝兰、毛边丝兰。植株低矮，近似于无茎。叶基部簇生，革质，广披针形或剑形，顶端呈刺状，基部渐狭，老叶边缘有卷曲的白色丝状物。直立的圆锥花序，抽生于叶丛中，高 1~1.5 米，花杯形，白色，外缘白绿色略带红晕。

同属相似的种还有象脚丝兰（*Y. guatemalensis*）、千手丝兰（别名芦荟叶丝兰、千手兰、百叶丝兰，学名 *Y. aloifolia*）、树丝兰（*Y. filifera*）等。

千手丝兰

象脚丝兰

鸟喙丝兰
Yucca rostrata

鸟喙丝兰

株高可达 10 米以上。叶细长，质薄，灰绿色，被有角质层，叶缘有白色丝状纤维，叶子干枯后不脱落，常年累积在茎干上，很像一个稻草人，故也被称为"稻草人"。此外，该属的 *Y. carnerosana* 也被称为稻草人。

鸟嘬丝兰的花

小花白色或淡黄色。变异品种有'酒瓶兰锦''酒瓶兰缀化'等。此外，还有直叶酒瓶兰（*N. stricta*）等种。

原产墨西哥，夏型种，通常用播种的方法繁殖。

'酒瓶兰缀化'　'酒瓶兰锦'

酒瓶兰
Nolina recurvata

酒瓶兰

别称象腿树，为酒瓶兰属植物（有些文献将其划归假叶树科酒瓶兰属，属名也改为 *Beaucarne*）。植株呈树状，老株在原产地高可达 10 米。茎直立，基部膨大，呈球状，直径可达 1 米，酷似酒瓶。叶线形，簇生于茎干顶端，稍具革质，叶色蓝绿色或灰绿色。雌雄异株，圆锥花序很高，

胡克酒瓶兰
Calibanus hookeri

胡克酒瓶兰

别称胡氏酒瓶兰，胡克酒瓶兰属植物。该属仅胡克酒瓶兰一种，有些文献将其归为百合科。

略扁平的球形块茎最大可达 50 厘米，上面有丛生的细长叶子，其质硬，长约 30 厘米，叶缘有粗粗的锯齿。

夏型种，播种繁殖。

龙血树属（*Dracaena*） 该属植物有 40 余种，我国有剑叶龙血树、海南龙血树、矮龙血树、细枝龙血树、长花龙血树等 5 种。分布于海南、广东、云南等热带或亚热带地区，是著名的长寿植物。我国民间常说"寿比南山不老松"中的"不老松"，就是指海南省三亚市南山的一株相传树龄为 3600 岁的海南龙血树。

索克特拉龙血树
Dracaena cinnabari

索克特拉龙血树

别称龙血树，龙血树属常绿乔木。树冠伞形，树干和树枝粗壮厚实。叶扁平，革质，绿色。

分布于也门的索克特拉岛，是该岛的代表性物种，生长在干旱的半沙漠区域。

龙血树的果实

虎尾兰属（*Sansevieria*） 该属多肉植物主要产于非洲热带地区，少数种类产于印度等亚洲南部。有 60 余个原始种，并有大量的园艺种。具匍匐生长的根状茎。多纤维的肉质叶直立或旋叠在基部，叶面上类似虎皮的明暗花纹（"虎尾兰"之名也因此而得）。花梗分枝或不分枝，穗状或总状花序，花朵具有或隐或现或浓郁的香气；花色有纯白、白绿相间、紫、白紫相间等颜色；花后还能结出红、棕、绿等各种颜色的浆果。

在虎尾兰属中还有一系列叶质肥厚、手感较为坚硬的种类，姑且称为"硬叶虎尾兰"，其大多数种类叶面纯绿色，没有虎皮样的斑纹，但叶缘有褐色或白色的角质层。

此外，还有一些斑锦变异品种，叶面有黄色或白色斑纹，甚至整个叶片都呈黄白色，绚丽多彩，非常美丽。

虎尾兰属植物均为夏型种，用分株、扦插或播种繁殖。

虎尾兰
Sansevieria trifasciata

'金边虎尾兰'

虎尾兰的花

小型虎尾兰

虎尾兰锦

别称虎皮兰、锦兰、千岁兰。具根状茎，叶基生，直立生长，硬革质，两面有深绿与浅绿相间的横向虎皮纹。品种有'金边虎尾兰''银脉虎尾兰''扇叶虎尾兰''白玉虎尾兰''斑叶虎尾兰''短叶虎尾兰'，以及'金边短叶虎尾兰'等。

'金边短叶虎尾兰'

'白玉虎尾兰'

筒叶虎尾兰
Sansevieria cylindrica

'筒叶虎尾兰锦'

别称柱叶虎尾兰、圆叶虎尾兰、棒叶虎尾兰。肉质叶呈细圆棒状，质硬，顶端尖，直立或稍有弯曲，暗绿色，有横向的灰绿色虎斑纹。总状花序，小花白色或淡粉色。斑锦变异种'筒叶虎尾兰锦'，叶上有黄色斑纹，甚至整个叶子都呈黄色。

叶虎尾兰，但较短而粗，呈手指状，有灰绿色斑纹。其品种很多，有的整体偏白，有的偏蓝，还有斑锦变异品种'佛手虎尾兰锦'（包括白锦和黄锦两种类型）以及小型种'姬佛手虎尾兰'等。

筒叶虎尾兰

佛手虎尾兰的花

佛手虎尾兰

Sansevieria cylindrica 'Boncel'

佛手虎尾兰

　　别称佛光龙舌兰，为筒叶虎尾兰的变种。植株无茎或具短茎。肉质叶两列对生，呈扇形分布；叶形近似筒

姬叶虎尾兰

Sansevieria gracilis

姬叶虎尾兰

　　肉质茎下垂或匍匐生长，被有苞叶。小株生长于茎上。叶肉质，叶面

凹，背面半圆形；叶缘黄褐色，叶绿色，具横向的灰绿色虎皮斑纹。

香蕉虎尾兰
Sansevieria ehrenbergii 'Banana'

鸟嘴虎尾兰（俯视）

香蕉虎尾兰

肉质叶肥厚，叶面深凹；纯绿色，无斑纹，叶缘褐色，有白色角质层。

银虎虎尾兰
Sansevieria kirkii 'Silver Blue'

银虎虎尾兰

叶色灰绿，具深绿色斑纹，叶缘棕色，并有白色角质层。

香蕉虎尾兰（俯视）

步行者虎尾兰
Sansevieria pinguicula

鸟嘴虎尾兰

鸟嘴虎尾兰

香蕉虎尾兰的近似种。叶狭长，似鸟的喙。

步行者虎尾兰

肉质叶螺旋生长，纯绿色，无斑纹，叶缘褐色，有白色角质层。

壮美虎尾兰

壮美虎尾兰

与步行者近似，但叶片更为厚实。

武士虎尾兰
Sansevieria perrotii

'武士虎尾兰锦'

株型较小。肉质叶螺旋生长，绿色，无斑纹。斑锦变异为'武士虎尾兰锦'。

宝扇虎尾兰
Sansevieria masoniana

宝扇锦

具大而圆的肉质叶，叶缘有浅褐色角质层，叶面绿色。该植物最初只有一片叶子，所有的养分都供给这片叶子，使之变得肥厚饱满，故有些人认为其终生只有一片叶子。但这种认识是错误的，因为过一段时间后就会有第2片、第3片叶长出。斑锦品种'宝扇锦'，叶面上有黄色斑纹，甚至整片叶子都呈黄色，谓之"金扇"。

番杏科 Aizoaceae

番杏科植物约有138个属，仅原始种就有1800多个，其变种、杂交种、园艺种则数不胜数。该科植物为一年生或多年生草本植物或呈矮灌木状，其形态变化很大，既有类似草本植物的日中花、露草，又有极端肉质的生石花等。但总的规律是，随着生长环境越来越干旱，其茎渐趋缩短，株型也缩小，叶子的肉质化程度则越来越高。只有这样，这些植物才可以尽量多地保存水分，减少蒸发，以适应干旱环境。

生石花属（ *Lithops* **）** 因形态酷似卵石而得名，是一种高度发展的"拟态"植物，又因株型酷似人的臀部，又有人戏称之为"屁股花"或"PP"。植株具肉质根，在自然状态下主根上很少有侧根，只是在逐渐变细的主根末端有少数须根连着毛细根；只有当主根折断

生石花

后才会萌发侧根（栽培中常利用这个特性，将主根截断，促发侧根，使其多吸收养分，有利于植株的生长）。植株无茎，地上部分是两片对生联结的球状肉质叶。这是生石花贮存水分和养分的器官，由于肥厚的肉质叶存储了足够的水分，可以在旱季无雨的条件下生存数月；

而低矮小巧的株型，则减轻原生地酷热和强光的不利影响。球状肉质叶形似倒圆锥体，叶色有白、浅灰、棕、蓝灰、绿、黄、红、紫红等变化，顶部近似卵形，平或凸起，上有透明的窗或半透明的斑点、树枝状凹纹，可透过光线，在植株内部进行光合作用。顶部两叶中间有小缝隙，花从这条小缝隙开出，花色多为黄、白色，罕有红色。除曲玉等个别品种在夏季开花外，绝大多数品种在秋季开花，花朵通常在天气晴朗的午后，甚至傍晚开放，日落后闭合。如此昼开夜闭，可持续4~6天；若遇阴雨天或栽培场所光线不足，则难以开花。

科尔编号及其他编号

生石花属原始种有80多个，还有大量的园艺种和变种。目前，比较通用的分类方法是科尔（Cole）编号。

南非约翰内斯堡的 Desmond T. Cole（科尔）教授，对生石花属植物的习性、地理分布进行了长期的野外研究。在其研究过程中拍摄了大量的原生地照片，并根据发现地点的不同进行了编号，也就是著名的生石花科尔编号。其整体规则是以"C+数字"的形式进行组合，字母C后的数字代表着该编号的发现地点，像 C261、C262、C283、C309、C367等都是荒玉，但发现地点有所不同。如果该地点发现两种或两种以上的生石花，则在数字的后面加A、B、C……依此类推。像大内玉系列中的C081、C081A中的"081"表示二者是在同一地点发现的，后者加"A"则表示为前者的变种，即C081是大内玉，C081A是

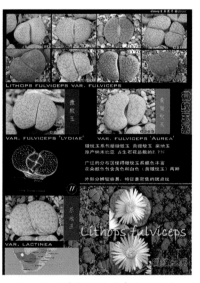

微纹玉的科尔编号（来源网络）

红大内玉。再如 C142A 和 C142B 分别是巴厘玉系和富贵玉系中某品种编号，表示它们是在同一地点发现的不同品系的生石花品种，它们只是邻居，毫无关联性，而 C142 这个不带后缀字母的编号是不存在的。

现在科尔编号有 447 个，分别标记着生石花的自然分布情况，每个编号都对应着详细的产地信息。

由于具有权威性、规范性，越来越多的生石花玩家倾向于按科尔编号收集。

由于科尔编号只是代表在不同地点发现的生石花，因此就出现了很多个科尔编号的生石花学名完全一样的现象。此外，同一个科尔编号的生石花，由于遗传、种源以及种植环境的差异，也具有多样性的特点，很难对某一科尔编号的生石花种类进行明确的特征描述。因此编号图谱只能作为一个物种参考，具有一定的典型特征，不能作为一个物种识别的依据。

随着越来越多的生石花园艺种被培育出来，培育者往往通过在原有科尔编号的后面增加字母的方式对该园艺种进行编号。这跟科尔编号的本质是不同的，其编号不再对应着产地信息，尽管并非是原产地所发现，但也能够指导玩家了解其由来。

除科尔编号外，生石花的品种划分还有哈默的 SH 编号、弗里兹的 F 编号、布拉克的 SB 编号、修尼斯的 EH 编号、斯克曼的 TS 编号等不同的编号，但都没有科尔编号应用得那么广泛。此外，国外的一些园艺公司也有自己独立的销售编号，像 FDP 销售编号、Mesa Garden 销售编号等。

习性

生石花属植物大部分物种分布在非洲南部的南非和纳米比亚（在博茨瓦纳也发现过个别种类），除了少数品种的原生地降水略多外，大部分都处于非常干旱的环境，有些种类原生地全年降水不足 5 毫米。有

奔驰

的生石花原生地虽然极度干旱，但是多雾，可以通过雾或者露水来获得水分。其独特的环境，使得生石花的生长习性非常奇特，每年的花后植株开始在其内部孕育新的植株（也有人认为在夏天就开始慢慢孕育新株了），并逐渐长大。随着新植株的生长，原来的老植株皱缩干枯，只剩下一层皮，并被新株撑破，直到最后完全脱去这层老皮。在栽培条件较好的情况下，成年植株每次脱皮后会长出 2 个新株，因此栽培多年的生石花往往呈群生状。而幼株或栽培条件不好，只能一株顶替一株，没有新的植株长出。其分头率除了跟栽培环境、养护技术有关系外，还与种类有着很大的关系。

有趣的是，播种苗或脱皮后的苗，有时还会出现三瓣的生石花。因其形态与奔驰汽车的标志近似，被戏称为"奔驰"。除生石花外，肉锥花属的某些种类以及对叶花属的

帝玉、银叶花属的金铃等番杏科植物中也会出现"奔驰"现象。但这种"奔驰"不具有稳定性，在脱皮或老叶干枯后，很有可能恢复到原来的两瓣肉质叶状态。

脱皮过程

那么，生石花是怎么脱皮的呢？我们就以科尔编号为C222的乐地玉为例，来领略其奇妙的生命历程吧。

①初秋气候开始转凉，植株开始变得饱满膨大，而内部也在孕育花蕾，准备繁衍下一代。

②植株逐渐膨大，在一个阳关充足的下午，终于绽放出金灿灿的花朵。

③花凋谢后，植株继续膨大，内部也发生了一系列的变化，开始"怀胎"，孕育新的植株。随着其内部"胎儿"（新株）的逐渐长大，两叶之间的中缝逐渐裂开，为以后的"脱衣"做准备。

④外衣（老叶）继续变薄，并向两边退去，露出一对"双胞胎"。由于开花时没有小昆虫为其授粉，所以不能结种子，中间果荚是瘪的，里面空空如也，没有种子。

⑤"双胞胎"不断吸取老叶中的养分，供应自己生长，而老叶则变得更薄。随着"双胞胎"的不断生长，就逐渐被撑开。

⑥里面的"双胞胎"越来越大，而老叶中的养分也被吸收殆尽。随之老叶逐渐干枯，变得皱巴巴的，最后全部退去。

⑦就像脱衣服那样，这对"双胞胎"彻底甩掉没有生命力的老叶，成为两个新的生命体。有趣的是，这对"双胞胎"在夏季高温时也要进入休眠期，在睡眠中度过炎热的夏天。到秋凉后再苏醒过来，完成"秋季开花→冬季孕育新生命→春天脱皮→夏天休眠"的生命循环过程。

生石花的进化适应

了贫瘠干旱的环境，家养条件下无需频繁地浇水，这一点需要引起足够的重视。绝大部分的死亡都是浇水过多、过频所致。此外，水肥过大还会造成"虚胖"，对后期的脱皮不利。

紫勋
Lithops lesliei

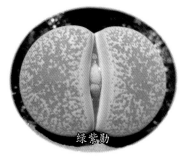
绿紫勋

'全窗紫勋'

'弁天玉'（C047）

包含着2个亚种，其中的紫勋亚种（ssp. *lesliei*）下又分6个变种，并有着一系列的变型（form）。体色有灰色、棕色、褐色、黄绿色等变化，具树枝深色纹路。花黄色或白色。科尔编号有C030、C032以及C005、C036、C096、C008、C009、C151、C359、C014、C341、C351等，此外C10、C33、C138等编号也都有着明显的紫勋特点。园艺选拔种有'全窗紫勋''酒红紫勋''黄绿紫勋''白弁天玉''绿弁天玉''印加黄金'等。

微纹玉
Lithops fulviceps

微纹玉

肉质叶的顶部有细小的点纹，根据体色的不同有黄微纹玉、白微纹玉（乐地玉）、微纹玉（科尔编号分别为C363、C222、C170）等，花白色或黄色。

'酒红紫勋'

紫紫勋

绿微纹玉

红大内玉
Lithops optica 'Rubra'

红大内玉

有 C081A、C287 两个科尔编号，为大内玉（编号 C081）的变种。原种的大内玉植株淡绿至灰绿色，本种则为紫红色，顶端圆凸，呈透明状，少有花纹。花多为白色，罕有黄色。

红大内玉的花

大内玉

红菊水玉
Lithops meyeri 'Hammer ruby'

红菊水玉

菊水玉的异色类型。叶红色至紫红色，顶端无透明的窗。花黄色，白心，有时花瓣泛红色。科尔编号 C272A。

荒玉
Lithops gracilidelineata

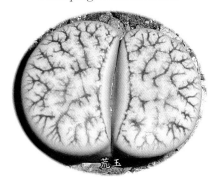
荒玉

包含着舞岚玉（C383，C394）和荒玉两个亚种。其中荒玉亚种又有荒玉（C261，C262，C309，C373，C374，C385）、 苇胧玉（C189，C243）2 个变种。其体色以灰白为主，偶有铁锈色、淡绿色等颜色，顶部平展，纹路凹陷，有着核桃一样的脑花质感。一般开黄花，罕有白花。据日本的一些文献记载，还有开红花的'赤花荒玉'。园艺选拔种有'拿铁'（C309A）等。

荒玉　'拿铁'
绿荒玉　苇胧玉

云映玉
Lithops werneri

云映玉

体色以灰白为主，兼有粉白等颜色，有树枝状凹纹。花黄色。科尔编号 C188。有着一系列的园艺选拔种。

大津绘
Lithops otzeniana

大津绘

顶部圆凸，边缘有凸起的圆齿，体色丰富有灰色、灰绿、蓝绿、灰棕、橙褐、紫色等。花黄色。科尔编号为

C128、 C280、C350、C128A 等。此外，还有园艺选拔种'窄窗大津绘''全窗大津绘''黄绿大津绘''紫大津绘''红大津绘'等。

曲玉
Lithops pseudotruncatella

曲玉

体色丰富，有粉、棕、红、淡绿、白等颜色，顶部平展，花纹与端面平，而不是像荒玉那样凹陷。此外，还有无任何花纹的变型，像纯白色的白蜡石等。花黄色。科尔编号为 C187、C071、C068、C306、C244 等。园艺选拔种有'绿曲玉''粉曲玉''早花曲玉'等。

曲玉在夏季休眠不是太明显，而且在 7 月就可开花。

'紫大津绘'

'绿大津绘'

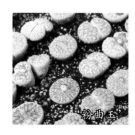

'粉曲玉'

'白曲玉'

日轮玉
Lithops aucampiae

日轮玉

　　别称太阳玉，包含日轮玉（有日轮玉、赤阳玉两个变种）、光阳玉（有光阳玉、阳月玉两个变种）两个亚种。体色有红褐、酒红、巧克力色、红灰、紫灰、黄等颜色，端面多有凹凸不平的纹路，也有没有纹路的全窗型。花黄色。科尔编号有 C016、C256、C048、C054、C012、C325 等，并有大量非科尔编号的采集种。园艺选拔种有'酒红日轮'、'KO 日轮'（也称'全窗日轮'）、'鸡血日轮'（俗称'红 JB'）、'积雪日轮'（开白

花）'黑 JB'、绿光阳玉（俗称绿流水，C048A）、绿阳月玉（俗称绿流水、C054A）等。

花纹玉
Lithops karasmontana

花纹玉

　　花纹玉是一个很大的系列，科尔编号中就有 C147、C149、C317、C227 等 30 多个产地采集种。体色和纹路都有较大的变化。花多为白色。有花纹玉、朱弦玉、琥珀玉、福寿玉、爱爱玉等原生种以及'朱唇玉'等园艺种。

紫花纹

虹琥珀玉

绿光阳玉　　KO 日轮

园艺种日轮玉　　园艺种日轮玉

绿朱弦玉

丽虹玉
Lithops dorotheae

丽虹玉

正常的体色为棕黄色，若光照不足则呈青黄色，顶部有透明的窗和红色的树枝纹。黄色花。科尔编号为C124、C300，园艺选拔种有'Zorro'（俗称'佐罗'）等。

'佐罗'

丽虹玉的花

露美玉
Lithops turbiniformis，异名 *L. hookeri*

赤褐富贵玉（C155）

别称富贵玉。体色以棕、黄、红等颜色为主，某些园艺种也呈绿色，顶部有类似核桃般的凹凸纹路。花黄色。本系列有富贵玉、丸贵玉等种类，科尔编号有C013、C019、C023、C038、C051、C112、C115、C336 等，园艺选拔种有'绿富贵玉''黄绿富贵玉''粉花富贵玉'等。

'绿富贵玉'

寿丽玉
Lithops julii

红寿丽玉

包含有寿丽玉、福来玉两个亚种，体色灰白或淡粉、灰绿、淡绿等颜色，顶部有透明的"窗"和网格、树枝样的纹路。花白色。科尔编号C024、C056、C056A、C062、C063、C064、C121、C122、C63、C64、C183、

C297、C349 等。园艺选拔种有'菊章玉'（俗称菊纹章）、'红窗玉'、'菊化石'、'紫福来玉'（紫苑）、'绿福来玉'等。

常见的淡黄色外，还有金黄、橙黄、橘红、玫红、奶油白等颜色，而且花瓣的内圈也有颜色深浅的变化。科尔编号为 C025、C160、C177、C120、C129、C159、C178、C198、C200B、B229B、C230C、C095、C157、C196 等。园艺选拔种有'绿朝贡玉''黄绿朝贡玉''红朝贡玉'（俗称得州玫瑰或得克萨斯玫瑰，开玫红色花）等。

'绿福来玉'　'热唇'　福来玉　'红窗玉'　'菊章玉'

'紫福来玉'　'菊化石'

朝贡玉（C159）

朝贡玉 2

朝贡玉
Lithops verruculosa

留蝶玉
Lithops ruschiorum

留蝶玉

朝贡玉的花

叶面上有着其他生石花不具备的红色小疣点，其花色也较为丰富，除

顶部圆凸，体色灰白，有时略带粉色或黄色，光滑或稍有花纹。花黄色，极少为白色。变种有'线留蝶玉'等。科尔编号为 C102、C240、C316、C387、C387A（白花种）等。

巴里玉
Lithops hallii

黄巴里玉

全窗型紫李夫人

别称巴厘玉，包含巴里玉和欧翔玉两个变种。体色以棕褐色、棕红色为主，兼有灰绿、黄绿、绿色，顶部有细密的花纹，开白色花。科尔编号为C087、C045、C111等。园艺选拔种'黄巴里玉''绿巴里玉''全窗巴里玉'等。

碧琉璃
Lithops terricolor，异名 *L. localis*

碧琉璃

李夫人
Lithops salicola

'紫李夫人'

植株呈灰绿色或绿色，有些带有粉红色、蓝绿色、棕黄色，甚至青铜色，顶部充满斑点，花黄色。科尔编号为C130、C132、C133、C253、C254 等，园艺选拔种有'黄碧琉璃''绿碧琉

体色深灰或绿色，顶部有透明的窗和短线纹。科尔编号为 C034、C037、C086、C049、C351、C353 等，园艺选拔种有'大观玉'、'绿李夫人'、'多纹李夫人'、'紫李夫人'（酒神）、'全窗李夫人'（深窗玉）等。

'绿碧琉璃'

璃''粉碧琉璃''紫碧琉璃'以及'白花碧琉璃'等。

'紫柘榴玉'

雀卵玉

彩妍玉
Lithops coleorum

彩妍玉（C396）

体色粉灰至橙黄色，叶面有着独特的树杈纹路和斑点。花黄色。科尔编号 C396，园艺种有'绿彩妍玉'等。

橄榄玉
Lithops olivacea

橄榄玉（C055）

柘榴玉
Lithops bromfieldii

柘榴玉

也有人称之为"石榴玉"。体色以黄红色为主，顶部有深色纹路，花黄色。有柘榴玉（编号 C348、C368）、耀辉玉（C393）、鸣弦玉、雀卵玉（C044）等 4 个变种，其他还有黄弦鸣玉（C362）以及园艺选拔种'红（紫）柘榴玉'等。

具透明的"窗"，有橄榄玉、红褐橄榄玉两个变种，花黄色，白心。科尔编号为 C055、C109、C162B、C403 等，园艺种有'粉橄榄玉''红橄榄玉''卷花橄榄玉'等。

'粉橄榄玉'

生石花锦

生石花锦

生石花属植物的斑锦变异品种。植株上有红、粉、黄等颜色的斑纹。

其形状不是很稳定，有时脱皮后斑锦就会消失。

生石花锦

肉锥花属（Conphytum） 该属多肉植物也是一类高度发展的"拟态"植物。这是一个庞大的族群，约280个原始种，形态有很大的差别。大部分种类植株初为单生，以后逐渐变成很大的群生株。植株无茎或具短茎，具非常肉质的对生叶，叶形根据物种的不同，有球形、扁球形、倒圆锥形、Y形、方形等十几种形状，其下部联合，浑然一体，顶部有深浅、长短不一的裂缝，颜色有暗绿、翠绿、黄绿、红、紫褐、红褐等多

有窗型肉锥花风铃玉

有窗类肉锥花白拍子

种颜色。有些种类叶片上还有或凸起或平展的花纹、斑点、疣点或晕纹、茸毛；有些种类晶莹剔透，或顶端具透明的纹路，这种类型被称为"有窗型"，像灯泡、风铃玉、勋章等。花从叶顶的裂缝中长出，其中既有在白天阳光充足环境中开放的"昼开型"种，也有夜间开花的"夜开型"种；花色则有白、黄、橙黄、橙红、粉红、红、紫红等。有些种类还具有芳香气味。花期仲夏至初冬（因物种而异）。

肉锥花属植物的习性与生石花属植物相似，也有脱皮的习性，但时间比生石花晚一些。根据种类和长势的差异，每个植株内部能孕育2~4头新株；如果长势旺盛，则分头更多，最多可达8头；但如果长势较弱，则只能一头顶一头，很难分头，甚至其内部形不成新的植株，最后外皮枯死。其分头率高，所以很容易形成大的群生植株。其分头率除与养护有关外，还与种类有着极大的关系，像灯泡、毛汉尼之类的分头率就较低。

有窗类肉锥花勋章

昼开型肉锥花

夜开型肉锥花

脱皮中的肉锥花

群碧玉
Conophytum minutum

群碧玉

易群生。极端肉质的对生叶，灰绿色，无花纹，顶面平坦，中央有浅缝。花紫红色，昼开型。

冬型种，用分株或播种繁殖。

花纹，有些品种还有凸起的黑色或褐色疣点。花夜开型，奶油黄色或白色、淡粉色。

星琴是安珍系中较大的品种，在夜晚开花，花奶油色，有芳香。脱皮后，在阳光充足的环境中，星琴带有美丽的粉红色。

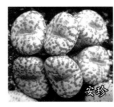
安珍

星琴（荷叶安珍）

安珍
Conophytum obcordellum

安珍

安珍是几种肉锥花属植物的统称，其特点是植株易群生。肉质叶顶部扁平，稍凹，有深色的点状或线状

阿多福（猴脸安珍）

安珍

小红嘴
Conophytum vanzylii

小红嘴

小红嘴是对一类肉锥花属植物的统称。其代表种是 *Conophytum vanzylii*，特征是肉质叶中央部位有一形似嘴巴的凹，其边缘略有凸起；在阳光充足、昼夜温差较大的环境中，该部位呈红色或带有红晕，看上去就像一个美丽的小红嘴。

在肉锥花属甚至生石花属中都有这种"红嘴"现象，也有人称之为"口红"。需要指出的是，"红嘴"不是在任何时候都有的，只有在光照充足、昼夜温差较大的环境中才能显现。若栽培环境阳光不足，红色就会减弱，甚至消褪。

小红嘴　小红嘴

休眠期的"小红嘴"　生长旺盛时，"小红嘴"也褪色了

清姬
Conophytum minimum

清姬

易群生。极端肉质的对生叶，暗绿色，有紫褐色树枝状细条纹。花朵奶油黄色，从对生叶的中缝开出，夜开型，花期秋末冬初。

翡翠玉
Conophytum calculus

翡翠玉

易群生。肉质叶球状，灰绿色，无斑点。花黄色至橘黄色。其近似种很多，其中的"鸽子蛋"球状叶珠圆玉润，精巧别致。

鸽子蛋

勋章
Conophytum pellucidum

勋章

别称勋章玉。肉质叶呈褐色，根据品种的不同有深浅的差异，叶表面

有深色线状或点状花纹，花在白天开放，以白色为主，也有粉红色。类型和品种较为丰富，有'蝴蝶勋章''马克李子''鸟哈尼'等。

冬型种，用播种或分株繁殖。

勋章

勋章的花

'蝴蝶勋章'

'鸟哈尼'

丹空的花

灯泡
Conophytum burgeri

灯泡

分头率较低，多为单头，少有双头或3头以上的植株。具半球形的肉质叶，表皮明绿色，半透明状，夏季的休眠期，光照充足的环境中，表皮呈鲜红色。花大型，淡紫红色，中心部位呈白色，春季或秋季开放。昼开型。另有'哈默灯泡'，其株型较小，顶部较尖，表皮绿色。

冬型种，用播种繁殖。

丹空
Conophytum marnierianum

丹空

别称圆空、冉空。易群生。球形叶上绿褐色，有紫褐色条纹。花橙黄色，昼开型。

灯泡的花

'哈默灯泡'

风铃玉
Conophytum friedrichiae

风铃玉

别称弗氏肉锥花。单生或小群生，单株由对生的极端肉质叶组成近似圆柱体，表皮呈红褐色。顶端圆凸，呈接近透明状的"窗"结构。花由叶顶端的裂缝中开出，白色或粉红色，昼开型，花期秋季。

风铃玉原归风铃玉属（*Ophthalmophyllum*），后来该属整体并入肉锥花属。

原产于纳米比亚，冬型种，通常用播种繁殖。

红花风铃玉

拉登
Conophytum ratum

拉登

植株略呈锥形，顶部有两个明显的凸起，其颜色基本为黄绿色，某些产地种在阳光充足的环境中会晒红，但不会那么艳丽。近似种有水晶鞋（别称芬尼，学名 *C. phoeniceum*）以及空卡佛、大肚佛（别称佛肚风铃，学名 *C. devium* ssp. *devium*）等。

冬型种，用播种繁殖。

白拍子
Conophytum longum

白拍子

别称绿风铃玉，为风铃玉的近似种。植株易群生，表皮翠绿色，有蜡质光泽，花白色。近似种磨砂风铃（*C. devium* ssp. *stiriiferum*）也称毛风铃，叶面上细细的茸毛，如同磨砂玻璃的质感；花白色或桃红色。

磨砂风铃玉

毛汉尼
Conophytum maughanii

红毛汉尼

别称马哈尼。株型与风铃玉相似，但更为粗壮，呈水桶状。顶端的裂缝也更宽大，植株整体呈半透明状。花白色，秋季开放。大致可分为红色种和绿色种两个类型。

原产于南非，冬型种，用播种繁殖。

绿毛汉尼

方碗
Conophytum cubicum

方碗

小型种，群生。单株近似正方形，顶部凹，形似碗，表皮灰紫色或灰绿色，在阳光强烈时呈紫红色。花白色或粉红色。近似种有方糖等。

冬型种，用分株或播种繁殖。

少将
Conophytum bilobum

少将

易群生。肉质的扁心形对生叶，叶基部联合，顶部有鞍形中缝，叶先端钝圆；叶色浅绿至灰绿色，有些种类上部叶缘带为红色（在冷凉季节，阳光充足的环境中更为明显），即"红耳少将"，表面具深绿色小斑点。花黄色，秋季开放。

肉锥花属中株型与少将相似的种

类很多，像被爱好者称为王将、巨将、钳叶少将、大枪、白花大抢、富士初雪等。昼开型花，花色以黄色为主，也有白、紫红、橙红、红等颜色，爱好者把这一系列统称为"少将系"。

红耳少将

白花大枪

大枪

饺子皮
Conophytum ectypum ssp. *sulcatum*

饺子皮

小型种，易群生。表皮深灰绿色，发皱。花粉红色，白心。

毛球肉锥
Conophytum stephanii

毛球肉锥

别称毛球、毛蛋。小型种，易群生。植株圆球状，暗绿色，阳光充足时呈棕绿色，密生茸毛。小花橙色。

毛球肉锥的花

空蝉
Conophytum regale

空蝉

别称大眼睛。形似少将，老株常群生。中逢下部有一大的透明状。花淡粉红色，昼开型。

　　冬型种，用播种或分株繁殖。

斑马肉锥
Conophytum marginatum

肉锥斑马

墨小锤
Conophytum minimum 'wittebergense'

墨小锤

　　别称小型斑马、肉锥斑马。易群生。顶端分开，呈"Y"形，绿色，有深色斑点。花淡粉色。

肉锥斑马的花

　　植株群生。叶极端肉质，顶面平，灰绿色，有深红褐色纹路。花白色，夜开型。

　　冬型种，用播种或分株繁殖。

毛饼
Conophytum ernstii 'Sandberg'

毛饼

铜壶
Conophytum ectypum ssp. *brownii*

铜壶

　　别称毛安珍。植株群生。叶极端肉质，扁平，像个大饼，灰绿色，密布茸毛。花粉红色，略带白色，昼开型。

　　冬型种，用播种或分株繁殖。

　　有数种类型，小型种，易群生。表皮绿色或绿褐色，具有半透明状的凸起纹路。花淡粉红色，昼开型。

冬型种，用播种或分株繁殖。

烧麦
Conophytum angelicae

植株易群生。肉质叶顶部方形，有褶皱，生长期为绿色，休眠期则为黄褐色。花紫红色。

小米雏
Conophytum hians

小型种，易群生。植株表皮绿色，微有茸毛，顶端梢开义。花淡黄白色，秋天开放，昼开型。

冬型种，用分株或播种繁殖。

小飞
Conophytum luckhoffii

小型种，易群生。中缝窄而深，植株绿色，上部边缘呈紫褐色，并有凸出的紫褐色点纹。花粉红色，昼开型。

冬型种，用分株或播种繁殖。

雨月
Conophytum gratum

易群生，有很多类型。对生叶圆形，顶部略凹陷，中缝浅而短，叶色有灰绿、淡绿、黄绿等，叶面有灰色斑点。

圣园
Conophytum igniflorum

圣园

绿火柴头

　　别称圣元。易群生。肉质叶绿色，顶部开叉。花橙色，昼开型。

口笛
Conophytum luiseae

口笛

火柴头
Conophytum reconditum

红火柴头

　　易群生。肉质叶顶部分开，稍有棱，表皮具细小的肉质刺。花黄色，秋季开放。

紫葡萄
Conophytum brunneum

紫葡萄

　　小型种，易群生。肉质叶顶端呈"V"形深裂，有半透明的颗粒状疣突；在阳光的环境中植株呈红色的叫"红火柴头"，终年常绿的叫"绿火柴头"。花粉红色或白色，花期秋季。

　　易群生。肉质叶呈倒水滴形，顶端稍有棱，在阳光充足时呈紫褐色。

花紫红色，白心。

Conophytum wettsteinii

Conophytum wettsteinii

　　植株群生。肉质叶圆形或鞍形，绿色，有零星分布半透明斑点。花深粉红色。近似种有小槌、红花小槌等。

富士衣

富士衣

　　肉锥花属植物。易群生。肉质叶灰绿色，球形，中缝稍深。花红色，昼开型。

　　春桃玉属（*Dinteranthus*）　该属多肉植物有着高度发展的"拟态"，主要有奇凤玉、幻玉、妖玉、春桃玉、南蛮玉、绫耀玉等原始种，其中仅绫耀玉顶端是平的，平面无瑕或具有花纹，其他种类肉质叶顶端为圆形、半圆形，也没有花纹，仅有透明的斑点。此外，还有一些园艺种和杂交种，甚至与生石花属的一些种类的跨属杂交种。

　　该属皆为冬型种，播种繁殖。

春桃玉
Dinteranthus inexpectatus

春桃玉

　　肉质叶青白色，光照强烈时会变成白中略带淡粉色，叶面无任何斑点，成株为桃形。花深黄色，秋季开放。

春桃玉的花

绫耀玉
Dinteranthus vanzylii

'网纹绫耀玉'

　　有着与生石花属植物一样的脱皮习性，易形成小群生。肉质叶顶端平，叶色灰白色或稍微泛红、泛绿，顶部有红色的线状或网格状斑纹或斑点，也有纯白色、无任何斑点的品种。花黄色，花期秋季。园艺种有'网纹绫耀玉''无纹凌耀玉''绿体凌耀玉'以及与生石花属的一些物种的杂交种，像'凌耀玉 × 紫勋'等。

绫耀玉 × 绿紫勋

'绿体绫耀玉'

绫耀玉的花

南蛮玉
Dintheranthus pole-evansi

南蛮玉

　　别称高尔夫。极端肉质叶灰白色至乳白色，有透明的深色疣点，顶端圆凸，呈半球形。花黄色，秋天开放。

南蛮玉的花

妖玉
Dinteranthus puberulus

妖玉

幼株圆饼形，成株长桃形。叶色灰绿或灰白，叶面具密集的透明斑点。花黄色或白色，秋天开放。

妖玉

幻玉
Dinteranthus wilmotianus

幻玉

植株多为单生。肉质叶灰白色至灰绿色，光照强度大时会呈褐色，有分散的透明斑点。花黄色，秋季开放。

帝玉
Pleiospilos nelii

帝玉

对叶花属植物。非常肉质的叶交互对生，上部拉开很大一段距离，形成元宝形株型。叶色灰绿，有许多透明的深色小点。花朵具短梗，黄色或橙黄色，昼开型。斑锦变种'帝玉锦'叶面上有黄色或橙色斑纹；变种'紫帝玉（红帝玉）'，叶暗红色，花紫红色或赤红色。

原产南非开普省，冬型种，用播种繁殖。

'红帝玉'

'帝玉锦'

青鸾
Pleiospilos simulans

青鸾

对叶花属植物，帝玉的近似种。肉质叶卵圆状三角形，先端尖。花黄色。

凤卵
Pleiospilos bolusii

凤卵

别称凤鸾，对叶花属植物，为帝玉的近似种。其肉质叶顶端三角形，棱线硬而直。花黄色。

银叶花属（*Argyroderma*） 该属植物约有50种，其株型和大小都相差不大。花色有红、粉红、橙黄、黄、白等多种颜色，花型有单瓣、重瓣之分，有些品种的花朵还像风车那样旋转。常见的有开深红色花的'红花金铃'（也叫赤花金铃）以及银铃、贺春玉、银光玉、京雏玉等品种。

金铃
Argyroderma delaetii

金铃

植株无茎，非常肉质的球形叶半卵状，元宝株型，叶色灰绿，表皮硬而光滑，无斑点，先端圆钝。花大型，黄色或白色。花期冬春季节，昼开型。

冬型种，用播种繁殖。

'红花金铃'

'白花金铃'

紫花金铃
Argyroderma crateriforme

紫花金铃

浓艳的紫红色大花几乎将整个植株覆盖，极为美丽。

宝绿
Glottiphyllum linguiforme

宝绿

别称佛手掌、舌叶花、长叶宝绿，舌叶花属植物。茎短或无茎。肉质叶舌状，鲜绿色，平滑而有光泽，叶端略向外翻卷。花黄色，具短梗，秋冬和早春开放。近似种有矮宝绿（*G. depressum*），植株较小，花瓣窄而长；*G. oligocarpum*，叶质肥厚，花朵大，花瓣也较宽。

原产南非，秋冬型种，夏季休眠，但不是很明显。可用分株或播种繁殖。

Glottiphyllum oligocarpum

新妖
Glottiphyllum peersii

新妖

舌叶花属植物。丛生。对生叶基部联合成肉质鞘，叶正面中下部扁平，背面圆凸，中下部扁平的地方有白色的棱，叶表皮薄，光滑有许多不明显的细小点，叶色绿色至红色。花从两叶的中缝开出，黄色花，大型。

冬型种，可用播种或分株繁殖。

新妖的花

紫晃星
Trichodiadema densum

紫晃星

别称紫星光，仙宝属植物。植株呈常绿小灌木状，多分枝，具粗大肥厚的肉质根，表皮黄褐色，稍粗糙。肉质叶对生，棒状或纺锤状，绿色，表面有排列密集的小疣突（实为透镜状的贮水大细胞），顶端有20~25根白色刚毛。花紫红色，大型，春天开放。

原产南非，春秋型种，可用播种或扦插、分株繁殖。

姬红小松
Trichodiadema bulbosum

姬红小松

别称小松波，仙宝属植物。形态与紫星光近似，植株多分枝，呈小灌木状，其肉质根非常发达，尤其是生长多年的植株，肉质根盘根错节。叶较小，先端的白毛短而稀疏。花雏菊状，较小，紫红色，6~8月开放。

原产南非，春秋型植物，播种或扦插繁殖。

露草
Aptenia cordifolia

露草

别称露花、花蔓草、牡丹吊兰、羊角吊兰、心叶冰花，露草属植物。植株匍匐或悬垂生长，多分枝。肉质叶对生，心状卵形，鲜绿色。单花顶生或侧生，花瓣多数，短线形，紫红色或深粉红色，夏、秋季节开放。斑锦变异品种'露草锦'，叶面上白色或淡粉色斑纹。

露草的嫩叶可作为蔬菜食用，在

'露草锦'

一些地区常被当作田七、穿心莲等出售。其实这是一种张冠李戴现象，真正的田七、穿心莲是药用植物，口味不佳，不能当作蔬菜食用。

面弯曲，棱角分明，使截面呈等边三角形，光照充足时叶棱呈红

剑叶花的花

色。花顶生，黄色或紫红色。

原产南非开普省西部，冬型种，夏季休眠，用扦插或分株、播种繁殖。

亲指姬
Dactylopsis digitata

亲指姬

别称手指玉，手指玉属植物。植株无茎。肉质叶簇生，绿色，手指形，质地较为柔软，表面光滑，稍被白粉。花单生，花瓣细长，多数，花朵菊花形，白色。

冬型种，用播种或分株繁殖。

碧光环
Monilaria obconica

碧光环的新叶

碧光环属植物。植株具枝干，易群生。叶子上有半透明的细小颗粒，新长出的叶子向两边分开，很像兔子的耳朵，因此常有人称之为"小兔子"；但叶子长大后就会耷拉下来，完全失去幼时那种"萌萌"的可爱状态。

为冬型种，用播种繁殖为主。

剑叶花
Carpobrotus edulis

剑叶花

剑叶花属植物。植株多分枝，呈灌木状，新株直立，老株匍匐生长。叶高度肉质，长刀形，叶面平整，背

碧光环的成叶

天女
Titanopsis calcarea

天女属植物。肉质叶呈莲座状排列，直径6~8厘米；匙形叶向外伸展，淡绿色密被灰色或淡红褐色小疣。花黄色或橘黄色，直径2厘米左右，单生，有短花梗，秋天开放。

天女簪
Titanopsis fulleri

天女属植物。肉质叶呈莲座状排列，叶匙形，先端宽厚，近似三角形，具灰色或淡褐色疣突。花黄色，具短梗。

原产南非，冬型种，用播种或分株繁殖。

姬天女
Neohenricia sibbettii

天女属植物。植株群生。肉质叶短棒状，顶端密布颗粒状疣突，绿色，在阳光强烈的环境中会呈黄褐色。花淡黄色，花瓣细，瓣尖微紫，夜开型，具芳香。

原产南非，冬型种。用分株或播种繁殖。

天女影
Titanopsis primosii

天女属植物。植株群生。肉质叶顶端膨大呈三角形，具密集的白色疣突。花黄色，春天阳光充足的午后开放。

唐扇
Aloinopsis schooneesii

唐扇

　　唐扇属（菱鲛属）多肉植物。植株丛生，具肥大的肉质根，无茎。叶直接从根的基部长出，排列成松散的莲座状；叶肉质、近似匙形，先端为浑圆的三角形，叶色蓝绿或褐绿色，密布深色舌苔状小疣突。花朵黄色或粉白色，花瓣中央有红色条纹，有丝绸般的光泽，有些品种花瓣内轮及花蕊均呈鲜红色，花期春末夏初，昼开型。

　　冬型种，用播种或分株繁殖。

粉花唐扇

天女云
Aloinopsis malherbei

天女云

　　唐扇属植物。叶扇形，灰绿色，上部叶缘有锯齿状突起，叶面有白色疣突。

　　原产南非，冬型种，用播种或分株繁殖。

天女裳
Aloinopsis luckhoffii

天女裳

　　唐扇属植物。植株群生，具肥大的肉质根。肉质叶近似匙形，先端为钝圆的三角形，有舌苔状小疣突。花淡黄色，昼开夜闭，可持续5天左右。

　　原产南非，冬型种，用播种或分株繁殖。

花锦
Aloinopsis rubrolineata

花锦

怪奇玉
Diplosoma retroversum

怪奇玉

　　唐扇属植物。老株丛生。对生叶基部联合呈肉质鞘，叶缘与叶背均有较硬的龙骨状突起，叶绿色，有突起的小疣点。花白色，中央有红色条纹。近似种 *Bijlia dilatata*，株型较大，花黄色。

　　原产南非开普省，冬型种，用播种或分株繁殖。

　　别称玉藻，玉藻属植物。植株初为单生，以后逐渐形成群生状态。肉质叶对生，长条形，绿色，有光泽，表面光滑或具透明的疣点。花粉红色或白色，秋季开放。夏天休眠后部分或全部叶片干枯，秋凉后再长出新的叶子。

　　冬型种，用播种或分株繁殖。

Bijlia dilatata

怪奇玉的花

妖奇玉
Maughaniella luckhoffii

Maughaniella 属植物，单属单种植物。植株无茎。肉质叶 Y 形，顶端圆钝，绿色，密布透明的水泡状疣突。花桃红色，中心白色，秋末冬初开放。

冬型种，夏季深度休眠，用播种繁殖。

虾钳花
Cheiridopsis denticulate

虾钳花属植物。植株丛生。对生叶基部联合成肉质鞘，整个对生叶酷似一把钳子；叶表皮薄，有许多透明的小突起。叶色浅灰绿色至灰白色。花从两叶的中缝开出，黄色花，一般每株只开一朵。

冬型种，用播种或分株繁殖。

翔
Cheiridopsis dilatata

虾钳花属植物，植株群生。肉质叶 "V" 形分开，叶色灰白；花瓣细而密集，白色或略带橙色。

冬型种，播种或分株繁殖。

翔凤
Cheiridopsis peculiaris

虾钳花属植物。幼株单生，老株则密集丛生。对生叶基部联合成肉质鞘，整个对生叶酷似一把平口的钳子；叶正面扁平，背面圆凸，叶表皮薄，有许多半透明的细小点；叶色浅灰绿色至灰白色，强光晒容易变成褐红色。花从两叶的中缝开出，黄色花，一般每株只开一朵，昼开型。

冬型种，用播种繁殖。

翔风的花

人鱼
Rabica difformis

人鱼

旭波属植物。植株丛生。肉质叶肥厚，正面平，背面凸起，布满透明的小斑点。花黄色。

神风玉
Cheiridopsis pillansii

神风玉

虾钳花属植物。老株群生。叶色浅绿至灰绿色，具半透明的小斑点。花黄色至橙色，也有开粉白色花的园艺种。

魔玉
Lapidaria margaretae

魔玉

魔玉属植物。肉质叶对生，上部分开，基部联合；叶半圆形，有尖，叶背有龙骨状凸起，叶缘棱线分明，叶色灰白。花黄色。

冬型种，用播种繁殖。

魔玉的花

无比玉
Gibbaeum dispar

无比玉

藻铃玉属植物。易群生。肉质叶肥厚圆润，绿色。花粉红色，冬季开放。

原产南非，冬型种，夏季休眠，休眠期最外层的叶子干枯。可用播种或分株繁殖。

白魔
Gibbaeum album

白魔

藻玲玉属（也称驼峰花属）植物。对生叶白色，顶端形状不规则，两叶最初紧密地连在一起，后分开，表皮密被几乎肉眼看不到的白茸毛。花白色。

冬型种，用播种或分株繁殖。

银光玉
Gibbaeum heathii

银光玉

藻铃玉属植物。群生。肉质叶圆凸，近似卵形，表皮薄而光洁，浅灰绿色至浅绿色。花粉红色，花瓣微弯曲。

原产南非的小卡鲁高原，冬型种，可用播种或分株繁殖。

毛翠滴玉
Gibbaeum pilosulum

毛翠滴玉

藻铃玉属植物。易群生。非常肉质的叶基部联合，使植株呈卵圆球状或近似卵状；肉质叶两边对称或不对称，顶端有鞍形缺刻；黄绿色至嫩绿色，表面密布茸毛。花粉红色，花瓣微卷曲，阳光充足的下午开放，夜晚闭合。

原产南非的小卡鲁高原，冬型种，有脱皮现象，可用播种或分株繁殖。

春琴玉
Gibbaeum petrense

春琴玉

藻铃玉属植物。植株群生。肉质叶灰绿色，表皮光滑。粉红色花，在阳光充足的下午开放，夜晚闭合；如此昼开夜闭，持续一周左右。

冬型种，可用播种或分株繁殖。

立鲛
Gibbaeum pubescens

立鲛

藻铃玉属植物。植株群生。肉质叶灰绿色，有细微的茸毛。花深粉红色。

不死鸟
Mitrophyllum grande

不死鸟

奇鸟菊属植物。单生或群生。对生叶从中部联合成叶鞘，上部分开，呈"Y"形。

原产南非的纳马夸兰，冬型种，可用播种繁殖。

奇鸟菊属植物约有6种，见于栽培的还有枝干奇鸟菊（*M. clivorum*）、怪奇鸟（*M. mitratum*）等。

不死鸟（生长期）　　枝干奇鸟菊

枝干奇鸟菊的叶在
冬季呈美丽的红色

冰花
Delosperma bosseranum

冰花

　　别称块根露子花、雾冰花，露子
花属植物。植株呈小灌木状，具肥硕
的块根。肉质叶细长棒状或半圆形，
绿色，密生半透明，似冰霜的细小纤
毛。小花白色，夏季开放，可自花授粉。

　　春秋型种，繁殖以播种为主。该
植物有很强的自播能力，其种子成熟
后自动弹出，散落在植株周围，不久
就会有小苗长出，稍大一些时可移栽。

宝辉玉
Muiria hortenseae

宝辉玉

　　宝辉玉属植物。单属单种，植株
呈小群生状。绿色的肉质叶腰子形，
密布细密的茸毛。花白色。

刺叶露子花
Delosperma echinatum

刺叶露子花

　　别称雷童，露子花属植物。具密
集的分枝。肉质叶卵圆半球形，暗绿
色，具白色半透明肉刺（老叶的肉刺

长脱落）。花单生，具短梗，小花白色，中心淡黄色。

春秋型种，可用扦插或播种繁殖。

刺叶露子花的花

春秋型植物，夏季休眠不是很明显。多用播种繁殖。

块茎圣冰花

木本梅斯菊
Mestoklema arboriforme

木本梅斯菊

圣冰花属（也称梅斯菊属）植物。植株多分枝，呈灌木状。根茎膨大肥硕，表皮棕褐色，有纵裂。叶细棒状，先端尖，绿色，密布细小的颗粒。小花白色。近似种块茎圣冰花（*M. tuberosum*），其根茎较细，有分枝，小花橙色。

天赐
Phyllobolus resurgens

天赐

别称八爪鱼，天使之玉属多肉植物。植株具不规则形块根，表皮灰绿色，有分枝，在阳光充足的环境中新枝呈紫红色。叶簇生于枝的顶端，肉质，细长棒状，绿色，密布亮晶晶的吸盘状小疣突。花白色或略微带绿色，春天开放。

原产南非，冬型种，多用播种繁殖。

淡青霜
Phyllobolus tenuiflorus

淡青霜

天使之玉属植物。具肉质块根。肉质叶初为棒状，密布半透明状的扁平疣突；以后随着枝叶的生长，变得细长，失去幼时那种萌萌的可爱形态。花色黄白色或黄绿色、淡粉色。近似种有干尾狐（有人认为是同种的不同状态）等。

冬型种，用播种繁殖。

枝干番杏
Drosanthemum spp.

枝干番杏

枝干番杏并不是一种植物，而是对 *Drosanthemum hispidum* 以及 *D. floribundum*、*D. archeri*、*D. eburneum*、*D. speciosum* 等十几种没有中文名字、植株有明显枝干的番杏属植物的统称。

植株丛生，茎干纤细，老株浅棕色，嫩株绿色。叶对生，因种类的不同有呈圆球状、棒状或长条形等形状，叶表布满透明或半透明的玻璃状突起。花白色或红色。

春秋型种，用播种或扦插繁殖。

五十铃玉
Fenestraria aurantiaca

五十铃玉

别称橙黄棒叶花，棒叶花属植物。植株丛生。肉质叶棍棒状，几乎垂直生长，上部稍粗，顶部圆凸，有透明的"窗"结构。花橙黄色，有时略带粉色。

原产南非和纳米比亚等地，冬型种，用播种或分株繁殖。

光玉
Frithia pulchra

光玉

　　光玉属植物。形态类似五十铃玉。肉质叶棍棒状，灰绿色。顶端截形，有透明的"窗"，开花前"窗"上具颗粒状凸起。花粉红色，白心。

　　原产南非，虽是冬型种，但夏季休眠并不是很明显，尽管如此，夏季也要注意通风、控制浇水。可用分株或播种繁殖。

菊晃玉
Frithia humilis

菊晃玉

　　别称菊光玉，光玉属植物。形态与光玉基本相同，叶色灰绿或绿褐，端面粗糙，有细小的疣突。花白色或粉红色。

快刀乱麻
Rhombophyllum dolabriforme

快刀乱麻

　　别称银鋒，快刀乱麻属植物。植株呈矮灌木状，茎有短节，多分枝。肉质叶集中在分枝顶端，细长而侧扁，先端两裂，淡绿至灰绿色。花大，黄色。本属的 *R. nelii* 也被称为快刀乱麻，两者的形态极为接近。

　　产于南非开普省，冬型种，用播种或扦插繁殖。

怒涛
Faucaria tuberculosa

'红怒涛'

　　肉黄菊属植物。丛生。肉质叶交互对生，先端菱形并有龙骨状突起；叶背圆凸，表面平展，有形状不规则的线状、块状疣状凸起；叶色深绿；叶缘有肉质齿 8~11 对，附有倒须。花黄色，秋冬季节开放。斑锦变异品种'怒涛锦'。

　　同属中近似种有'狂澜怒涛''狮子波''四海波''荒波''红怒涛''波头''群波''大雪溪''帝王波'等，其株型、花型、花色基本相似，主要区别在于叶面上凸起的有无以及大小、形状等变化，此外还有开白花的雪波（*F. candida*）。

春秋型种，夏天有短暂的休眠，用播种或分株繁殖。

'大雪溪'　　'雪波'　　'荒波锦'

'神乐狮子'　　'菊波'

'狂澜怒涛'　　'海豚波'

'四海波'

白凤菊

Oscularia pedunculata

白凤菊

别称姬鹿角，琴爪菊属（覆盆花属）植物。成株呈亚灌木状，茎和分枝直立或匍匐生长。肉质叶三棱形，花淡粉红色。近似种有 *O. deltoides* 等。

春秋型种，用播种或扦插、分株繁殖。

美丽日中花

Lampranthus spectabilis，异名
Mesembryanthemum spectabile

美丽日中花

别称松叶菊、美丽龙须海棠，日中花属植物。植株平卧生长，基部稍木质化。肉质叶对生，呈三棱线形。花单生，颜色有红、粉、黄、橙等，花瓣有金属般的光泽。

广义上的日中花属（*Mesembryanthemum*）包括 *Aptenia* 属、*Cryophytum* 属、*Glottiphyllum* 属、*Carpobrotus* 属、*Lampranthus* 属等，约1000种，并不断有新种增加。而狭义上的日中花属则单指 *Lampranthus* 属，约有100种，均为一年生或多年生草本植物；植株匍匐或直立生长，有时呈灌木状；其花色丰富，色彩丰富，花瓣具有金属光泽。

美丽日中花（各种颜色）

别称熏波菊，鹿角海棠属植物。肉质灌木，老枝灰褐色。叶肉质，交互对生，叶半月形，三棱状，粉绿色。花顶生，具短梗，白色或粉红色，冬季或早春开放。斑锦品种'鹿角海棠锦'，叶上有黄色斑纹，甚至整个叶子都为黄色。

番龙菊
Cephalophyllum alstonii

番龙菊

别称奔龙，旭峰花属植物。植株丛生，老株匍匐生长。肉质叶交互对生，绿色至灰绿色。花紫红色，昼开夜合，花期春天。

'鹿角海棠锦'

碧鱼莲
Echinus maximiliani

碧鱼莲

别称碧玉莲，刺番杏属植物。植株匍匐或悬垂生长。肉质叶交互对生，叶肥厚，绿色，略被白粉，叶缘和叶背有半透明的纹路，在阳光充足的环境中叶尖和叶缘泛紫红色。小花紫红色至粉红色，冬末至初春开放。

鹿角海棠
Astridia velutina

鹿角海棠

照波

Bergeranthus multiceps

照波

照波属多肉植物。植株呈低矮的丛生状。肉质叶狭,先端尖,近似锥形,绿色。花黄色,夏秋季节开放。

夏型种,用播种或分株繁殖。

纳南突斯

Nananthus sp.

纳南突斯

纳南突斯属植物。该属有 *N. transvaalensis*、*N. margaretiferus* 等 20 余种。植株呈低矮的丛生状,具粗壮肥大的肉质根。叶绿色,表面有白色疣突。花色丰富,根据种类的不同,有黄、粉、白、红、紫红等颜色。此外,肉质叶的大小、颜色、疣突的密度不同种之间也有差异。

冬型种,6~8 月为休眠期,用播种或分繁殖。

纳南突斯

翼

Herreanthus meyeri

翼

别名美翼玉,美翼玉属植物。肉质叶 V 形,截面三角形,叶缘有锐棱,

翼的花

叶色灰白，表面光滑。花白色，略带粉色，秋末初冬开放。

冬型种，以播种繁殖为主。

冰糕
Meyerophytum meyeri

冰糕1

番杏科 *Meyerophytum* 属植物。生长多年的老株呈丛生状。肉质叶对生，基部半联合成肉质鞘；叶稍直立，内侧平，外侧呈半圆弧状，叶面密布透明的小颗粒，顶部圆钝；绿色，在强光下略呈红色。花粉红色或白色，在阳光充足的下午开放，夜晚闭合，如此昼开夜闭，可持续一周左右。

本属植物约4种，爱好者统称之为冰糕。

原产南非，夏型种。可用扦插或分株、播种繁殖。

冰糕2

夹竹桃科　Apocynaceae

夹竹桃科植物约有 250 个属，2000 余种。其多肉植物主要集中在沙漠玫瑰属、鸡蛋花属和棒槌树属。

沙漠玫瑰属（*Adenium*）　也叫天宝花属，植株呈灌木或乔木状，基部膨大，茎枝粗壮，某些种类休眠期落叶。分布非洲及阿拉伯半岛，有索马里沙漠玫瑰（*A. Somalense*）、索克特拉沙漠玫瑰（*A. socotranum*）、阿拉伯沙漠玫瑰（*A. arabicum*）以及 *A. boehmianum*、*A. oleifolium*、*A. multiflorum* 等物种。

索科特拉沙漠玫瑰

阿拉伯沙漠玫瑰

索马里沙漠玫瑰

沙漠玫瑰
Adenium obesum

沙漠玫瑰

别称天宝花、胡姬花，沙漠玫瑰属植物。花色有红、粉红、白、黄等颜色，在适宜的环境中一年四季都能开花，尤其以春秋季节为盛。其园艺杂交种极为丰富，有重瓣花型，花色有复色、镶边、近似于黑色的紫红色等，以及缀化、斑锦等变异品种。此外，本属还有索马里沙漠玫瑰夏型种，

寒冷地区冬季落叶，用播种、扦插或嫁接繁殖。

沙漠玫瑰缀化　　雍容

鸡蛋花
Plumeria rubra 'Acutifolia'

鸡蛋花

别称缅栀子、蛋黄花、印度素馨、鹿角花、大季花,鸡蛋花属落叶灌木或小乔木。枝条粗壮,带肉质,破裂后有白色乳汁状液体流出。叶长圆状倒披针形或长椭圆形。聚伞花序顶生,花梗红色,花冠外白内黄,具芳香;花期5~10月,在气候温暖的环境中可延长至12月,甚至全年开花。另有红花鸡蛋花、三色鸡蛋花、白花鸡蛋花等。

原产墨西哥,现热带、亚热带地区广为栽培。夏型种,喜阳光充足。用扦插、压条或播种、嫁接等方法繁殖。

三色鸡蛋花　钝叶鸡蛋花
鸡蛋花的果实　鸡蛋花树

棒槌树属(*Pachypodium*) 也作棒棰树属。植株呈多刺的乔木状或具半埋于地下的膨大茎干。叶大多数生于茎的顶端,休眠期叶子脱落。产于安哥拉、纳米比亚和马达加斯加岛。除光堂等个别种类为冬型种外,大部分为夏型种。

惠比须笑
Pachypodium brevicaule

惠比须笑

肉质块状茎呈扁平不规则的生姜状,表皮黄褐色或灰褐色。叶片数枚,丛生于块状茎的顶端,叶色青绿,广披针形,全缘。花漏斗形,为鲜亮的柠檬黄色。果荚细长,高高翘起,常成对生长。杂交种有'惠比须大黑'。斑锦变异品种'惠比须笑锦'。

原产马达加斯加岛西南部,夏型种。用播种繁殖,或以同属中非洲霸王树等作砧木,进行嫁接。

'惠比须大黑'　'惠比须笑锦'

双刺瓶干
Pachypodium bispinosum

双刺瓶干

　　别称碧丝琵树，原产马达加斯加岛和纳米比亚。具膨大的棕褐色块茎，顶端分生多数细枝，枝条上有并生的刺。长椭圆形小叶轮状互生与枝头。花钟状，紫红色至粉红色，花期 8~9 月。近似种有天马空（*P. succulentum*），主要区别是天马空的枝条更细，叶面上有毛，刺卷曲，而且更短，花略旋转，像个小风车。

　　用播种繁殖。

象牙宫
Pachypodium rosulatum

象牙宫

　　别称简蝶春。灌木状，具地下块茎和肉质茎。叶生于分枝上部，绿色，椭圆形。花黄色，夏季开放。

　　夏型种，用播种繁殖。

白马城
Pachypodium saundersii

白马城

　　茎干基部膨大，分枝棒状；刺灰褐色，3 枚一簇。叶绿色，宽椭圆形，生于茎端。花白色或淡粉色，夏秋季节开放。

　　夏型种，用播种繁殖。

亚阿相界
Pachypodium geayi

亚阿相界

　　别称非洲棒槌树、狼牙棒。植株高大，茎干上布满刺。叶细长，簇生于茎顶，叶背有灰色短毛。花白色。

非洲霸王树
Pachypodium lamerei

非洲霸王树

别称马达加斯加棕榈，原产非洲。植株高大，可达6米高，圆柱状茎干上布满3枚一簇的硬刺。广线形绿叶丛生于枝顶部。花白色。变异品种'非洲霸王树缀化'，植株呈鸡冠状扇形。

夏型种，播种或分株繁殖，'非洲霸王树缀化'则可用嫁接的方法繁殖。

'非洲霸王树缀化'

无刺非洲霸王树缀化

'非洲霸王树缀化'的花

非洲霸王树的果实

光堂
Pachypodium namaquanum

生长期的光堂

别称棒槌树。肉质茎不分枝，密生5厘米长的刺。生长期茎顶端簇生长卵形叶，叶绿色，中脉明显，叶缘波浪形；叶旱季脱落。花着生叶腋部，花瓣黄色有红褐色茸毛。

原产纳米比亚，冬型种，夏季休眠时叶片脱落、生长停滞，用播种繁殖。

夏季休眠期的光堂

温莎瓶干
Pachypodium windsorii

温莎瓶干

基部膨大，有分枝，枝干具刺。花红色，略旋转，像风车。夏型种。用播种繁殖。

萝藦科 Asclepiadaceae

　　萝藦科植物的外形奇特，有人称之为"外星生物"。花多为五瓣，呈星状，有些属是靠苍蝇等昆虫来传粉的，所以开花时会散发或浓或淡的腐臭味，或其他令人不是很愉悦的气味。其外形变化很大，一般为短柱形，还有球形、藤蔓形，有些种类还具有块根。萝藦属中的不同种，甚至不同属之间的不同种，外形非常接近，往往需要看花才能分辨。

　　萝藦科植物约有2800余种，多肉植物主要集中在萝藦属、球萝藦属、水牛掌属、吊灯花属、树眼莲属、玉牛角属、苦瓜掌属、丽杯角属、丽钟阁属、国掌属（也称豹皮花属）、剑龙角属、肉珊瑚属、亚罗汉属、凝蹄玉属、佛头玉属和球兰属等属。

Duvalia sp. Addo

　　广泛分布于东半球的热带、亚热带地区。大多数为夏型种，具有冬季休眠的习性，可用播种、扦插、嫁接等方法繁殖。

海马萝藦
Stapelianthus madagascariensis

海马萝藦

　　毛绒角属多肉植物。肉质茎有分枝，绿色，在阳光充足时呈粉褐色。花星状，形似梅花，浅黄色，有刺毛和褐色斑点，夏秋季节开放。

毛绒角
Stapelianthus pilosus，异名
Trichocaulon decaryi

毛茸角

龟甲萝藦的根茎

别称毛茸角，毛绒角属植物（有些文献将其划归丽钟角属，学名变为***Trichocaulon decaryi***）。植株丛生，肉质茎密生茸毛状肉刺。花星状，黄色，具红褐色斑点。

褐斑团豹皮花
Caralluma europaea

褐斑团豹皮花

别称欧洲豹皮花、猴头星，水牛角属（也称水牛掌属）植物。花星状，数朵同时开放，褐色，具黄色横条纹。

龟甲萝藦
Matelea cyclophylla

龟甲萝藦的花

萝藦属植物。具块茎和藤蔓，块茎表面木质化，有类似龟甲的裂纹。花五星状，黑褐色。

唐人棒
Caralluma foetida

唐人棒

水牛角属植物。植株丛生，肉质茎直立生长，具棱，棱缘有不规则波状齿。花黑褐色。近似种白角萝藦，植株匍匐生长，肉质茎呈灰白色，棱缘有规则的齿；花大，中心呈土黄色。

白角萝藦　　　白角萝藦的花

珊瑚萝藦
Caralluma socotrana

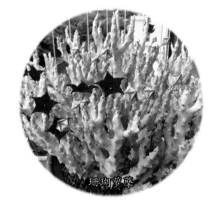
珊瑚萝藦

别称白珊瑚萝藦，水牛角属植物。植株多分枝，呈珊瑚状株型。肉质茎翠绿色至灰白色，表皮光滑，有凸起。花五星状，暗红色。

原产北非、地中海、索克特拉岛等地。夏型种，用播种或扦插、分株繁殖。

阿修罗
Huernia pillansii

阿修罗

剑龙角属植物。原产南非开普省，肉质茎绿色，布满有细长的肉刺。花红棕色，密布黄色小肉刺。

阿修罗的花　　　阿修罗缀化

斑马萝藦
Huernia zebrina

斑马萝藦

别称缟马，剑龙角属植物。植株丛生，肉质茎灰绿色，有时带紫色暗纹，棱缘具肉齿。花褐色，具黄色斑纹。

波纹剑龙角
Huernia thuretii

波纹剑龙角

剑龙角属植物。植株丛生。肉质茎四角形，有分枝，棱缘有肉齿。花黄色，有红褐色条纹。斑锦变异品种'波纹剑龙角锦'，嫩枝乳白色，生长点紫红色。

翠海盘车
Orbea dummeri

翠海盘车

原产肯尼亚、坦桑尼亚，豹皮花属植物。植株群生，肉质茎4棱，棱上长有肉齿。黄绿色的花毛茸茸的，奇特而别致。

紫龙角
Orbea decaisneana

紫龙角

豹皮花属植物。肉质茎灰绿色，有浅褐色至紫褐色斑纹。花深褐色。

尾花角
Orbea caudata，异名 *Caralluma caudate*

尾花角

豹皮花属植物。植株丛生，肉质茎具齿。花瓣尖锐而狭长，花黄色，有褐色斑点，中心部位褐色。有些文献将其归为水牛掌属，学名变为 *Caralluma caudate*。

丽钟阁
Tavaresia grandiflora

丽钟阁

别称丽钟角，丽钟角属植物。植株丛生，肉质茎圆柱状，深绿色，高20厘米左右；棱上密生紫色小疣突，疣突先端有3根刚毛状刺，近白色，其中的两根呈八字形分开。花生于嫩茎的基部，1~4朵集生，花朵大漏斗形，土黄色或黄绿色，有红褐色斑纹，夏秋季节开放。

原产南非，夏型种，用播种、分株或扦插繁殖。

凝蹄玉属（*Pseudolithos*） 该属植物分布于索马里北部和红海对岸的阿拉伯地区。植株具肉质茎，灰绿色，看上去就像一块石头，其属名"*Pseudolithos*"在希腊语中也有"假的""石头"的含义。有蛇头凝蹄玉（*P. caput-viperae*）、凝蹄阁（*P. dodsonianus*）、方形凝蹄（*P. cubiformis*）、球形凝蹄玉（*P. sphaericus*）、圆柱形凝蹄玉（*P. eylensis*）等种。此外，还有斑锦、缀化等变种以及种间杂交种，甚至跨属的杂交种。

凝蹄玉
Pseudolithos migiurtinus

凝蹄玉

别称拟蹄玉，凝蹄玉属植物。植株无叶，肉质茎卵圆形，也有些植株呈明显的四棱形，表皮灰绿色，在阳光充足的环境中则呈棕红色，有密集的瘤状凸起。花褐色。

夏型种，用播种繁殖。

凝蹄玉锦 凝蹄阁

方形凝蹄玉 凝蹄玉缀化

蛇头凝蹄玉

部的疣突中间，花冠呈平展的浅碟状，浅黄色至浅绿色，有深褐色斑点。有斑锦、缀化等变异品种。近似种有 *L. marlothii* 等。

原产非洲南部，夏型种，用播种或扦插繁殖。

佛头玉缀化 *L. marlothii*

四角萝藦
Whitesloanea crassa

四角萝藦

佛头玉
Larryleachia cactiformis

佛头玉

佛头玉属植物。肉质茎初为球形，以后逐渐呈柱状，表皮灰绿色，密布或三角形或半球形或圆锥形的疣突，犹如佛像头上的螺形发髻。花生于上

原产索马里北部的沙漠，四角萝藦属植物。一属一种，肉质茎四棱，棱缘波状起伏，灰白色，在阳光充足的环境中呈褐色，与原产地的岩石颜色非常接近。花生于植株的下部，五角星状，黄色，具褐色斑纹。

夏型种，以播种繁殖为主。

四角萝藦的花

夜萝藦
Stapelia berlindensis

夜萝藦

犀角属植物。肉质茎柱状，绿色，边缘有齿。花大型，黑色花瓣稍向后翻卷。

夏型种，可用扦插、分株或播种繁殖。

豹皮花
Stapelia pulchella

豹皮花

犀角属植物。植株丛生，肉质茎四棱柱形，棱脊具短而粗的肉齿。花大型，辐射状呈五角星形，内面粗糙，呈黄绿色，有暗紫色横纹和斑点。

大犀角
Stapelia gigantea

大犀角

犀角属多肉植物。肉质茎四棱状，绿色。花大型，五裂，形似海星，黄色，有紫褐色斑纹和茸毛。

大花犀角
Stapelia grandiflora

大花犀角

别称海星花、臭肉花，犀角属植物。花生于肉质茎基部，大型，花瓣尖锐，平展或反卷，紫褐色，有黄色横纹，具浓密的长毛。

龙卵窟
Brachystelma barberae

龙卵窟

润肺草属植物。块茎灰白色，幼年期呈圆盘状，成年后呈不规则形，中央微有凹陷，露出地面的部分覆盖着粗糙的纤毛，破损后会流出汁液。叶基生，具短柄，羽状脉序，倒披针形或卵圆形，叶缘有时呈波浪状，叶面光滑，叶背密布短柔毛。伞形花序，25~50 朵一簇，花冠外侧为翠绿色，内侧为棕红色，成熟时 5 枚裂片于顶部汇成笼形结构，花期 3~6 月。菁荚果双生，黄绿色，长圆形，单侧尖锐，表面光滑，种子顶端具白色绢质种毛，成熟后种夹纵向开裂随风散播。

原产博茨瓦纳、南非、津巴布韦等国家，分布在海拔 400~1300 米的干燥、向阳草原或稀树草原。夏型种，用播种繁殖。

巨龙角
Edithcolea grandis

巨龙角

别称波斯地毯，巨龙角属植物。肉质茎多分枝，具肉齿。平展的花朵硕大，色彩绚丽，纹理犹如波斯地毯。

夏型种，用播种或扦插繁殖。

苹果萝藦
Echidnopsis malum

苹果萝藦

青龙角属植物。肉质茎细长，匍匐生长。花初开时呈杯状，就像微缩版的苹果，十分别致，但以后会逐渐打开。

爱之蔓
Ceropegia woodii

别称吊金钱、蜡花，吊灯花属藤蔓植物。具不规则形的小块茎，藤蔓长 1.5~2 米。叶对生，心形，质厚，有蜡质感，叶面具灰色网状纹，背面紫色。斑锦变种'爱之蔓锦'，叶面上有黄色斑纹。

夏型种，可用分株或扦插繁殖。

'爱之蔓锦'

魔杖吊灯花
Ceropegia fusca

魔杖吊灯花

别称褐吊灯花、浓云、浓昙、棒叶萝摩，吊灯花属植物。肉质茎棒状，丛生，直立生长，少分枝，灰绿色，无棱、无刺也无毛，但有节。花褐色。

原产加那利群岛，夏型种，可用扦插或分株、播种繁殖。

武蜡泉
Ceropegia simoneae

武蜡泉

吊灯花属植物。茎、叶均为肉质，叶片排列稀疏。

澳大利亚肉珊瑚
Sarcostemma australe

澳大利亚肉珊瑚

肉珊瑚属植物。肉质灌木，茎直立或半直立，棍棒状，多分枝，绿色或灰白色，有时呈白色。花6~8朵聚生，花冠2层，辐射状，白绿色。

丽杯角
Hoodia gordonii

丽杯阁

别称丽杯阁、丽杯花，丽杯角属植物。植株丛生，肉质茎直立生长，具细棱。花粉黄褐色。本种在不开花的时候与摩耶夫人极为相似，其主要区别是丽杯阁的棱排列较为齐整，而摩耶夫人的棱则较为凌乱。

摩耶夫人
Trichocaulon piliferum

摩耶夫人

亚罗汉属植物。肉质茎丛生，有纵向排列的棱，棱端密生小疣突，其顶端有一枚硬质肉刺。花星状，2~3厘米，暗褐色。

夏型种，用扦插或分株、播种繁殖。

火星人
Fockea edulis

火星人

原产南非、纳米比亚，水银藤属（火星人属）植物。具表面粗糙的块茎，藤茎细长。叶长圆形，花白色，有黄绿色萼片。近似种有波叶火星人（*Fockea crispa*），也称京舞伎，块茎表皮较为光滑。

夏型种，用播种繁殖。

球兰属（*Hoya*）　该属植物原产亚洲的热带及亚热带地区，太平洋诸岛也有分布，已发现200种以上，尚不包括变种和园艺种，而且还有新品种不断被发现。花序呈球状，花朵虽然不大，但色彩丰富，不少品种还有幽幽的香味。叶形有心形、桃形、卷曲、线形、琴形等多种形状；叶色除了绿色外，还有白、粉红、黄、古铜等多种颜色，甚至一片叶子也会有不同的颜色；叶质的厚薄也有很大差异，只有心叶球兰、卷叶球兰等少数叶质肥厚的种类才作为多肉植物栽培。

猴王球兰

流星球兰

心叶球兰
Hoya kerrii

心叶球兰

别称心叶毡兰、凹叶球兰。藤茎蔓生，长达3米，节间有气生根，可附着在其他物体上生长。叶对生，叶柄短粗，叶肉质，深绿色，心形，先端凹，基部尖或钝圆。伞状花序腋生，20朵左右的小花聚成半球状花序；花蜡质，花冠乳白色，辐射状；副花冠星状，咖啡色；具芳香；花期夏、秋季节。斑锦品种'心叶球兰锦'叶片上有金黄色斑纹。

夏型种，多用播种或扦插繁殖。叶插虽然能生根，但很难出小苗，尽管如此，扦插成活的叶片由于有充足的养分供应，能够长时间存活，可做小盆栽观赏。

'心叶球兰锦'

卷叶球兰
Hoya carnosa 'Compacta'

卷叶球兰

别称皱叶球兰。叶对生，革质，翻卷扭曲，顶端尖锐，基本略凹。伞形花序，小花粉色，星状簇生，有芳香，花期秋季。

夏型种，用扦插繁殖。

玉荷包
Dischidia major

玉荷包

眼树莲属植物，多年生小型草质藤本植物。有不定根，茎缠绕或攀附生长。肉质叶对生，椭圆形或卵形，全缘，枝条上生有中空、长椭圆形的变态叶。花黄绿色，生于叶腋，花期夏秋季。

原产印度、缅甸、巴布亚新几内亚、澳大利亚，夏型种，用扦插繁殖。

青蛙藤
Dischidia pectinoides

青蛙藤

别名玉荷包、爱元果、巴西之吻，萝藦科眼树莲属（也称眼树藤属）附生藤本植物。具缠绕的茎，有气生根。

肉质叶对生，椭圆形，先端有一芒尖，翠绿色，另有一种囊状的变态叶，中空，翠绿色，犹如青蛙鼓起的肚皮。小花红色。

原产菲律宾、印度，夏型种，用扦插繁殖为主。

原产我国的云南、海南、广西、广东，东南亚也有分布，夏型种，用扦插繁殖。

纽扣玉藤
Dischidia ruscifolia

纽扣玉藤

青蛙藤的囊状变态叶

圆叶眼树莲
Dischidia nummularia

圆叶眼树莲

别名百万心，眼树莲属藤本植物。植株悬垂或攀附生长，肉质叶对生，桃形，先端尖，绿色。小花白色，生于叶腋。

夏型种，用扦插繁殖。

别名串钱藤、纽扣玉，眼树莲属藤本植物。纤细的茎攀附生长，肉质叶对生，圆形，质厚。

菊科　Asteraceae

　　菊科尽管是双子叶植物中的第一大科，有几万种，但其中的多肉植物并不多，主要集中在千里光属和厚敦菊属。

　　千里光属（*Senecio*）　该属植物分布广泛，匍匐或直立草本植物，约有1000种，多肉植物约有150种。有些文献将该属的仙人笔、天龙等多肉植物划分出来，作为一个独立的属——仙人笔属（*Kleinia*），但这种分类法有很大的争议。

普西里菊
Senecio mweroensis ssp. *saginatus*

　　别称普西利菊。黄褐色肉质根小纺锤形，肉质茎短粗，有分枝，茎表皮灰绿至深绿色，在阳光充足的环境中呈紫褐色，有类似菊花状排列的黑色细花纹。叶簇生于肉质茎顶端，早脱落，在肉质茎上留存有疤痕。头状花序顶生，具长柄，花红色，夏、秋季节开放。

仙人笔
Senecio articulatus

　　别称七宝树。肉质茎短圆柱形，具节，粉蓝色，有 V 字形花纹。叶轮生于茎顶端，提琴状羽裂，叶柄与叶片等长或更长，叶色灰绿。头状花序，花白色带红晕，冬春季节开放。斑锦品种'七宝树锦'，叶面有粉红色或乳白色斑纹，有时整个叶子都呈紫红色。

仙人笔锦

铁锡杖
Senecio stapeliaeformis

'铁锡杖缀化'

肉质茎细长棒状，初直立，后渐倾斜至倒伏，具4~8棱不等，灰绿色茎表有深绿色纵横向缟斑。叶退化为细小突起，后渐干缩为针状，早落或宿存。头状花序，花柄长，花橙红色。缀化品种'铁锡杖缀化'肉质茎扁平，呈扇形或鸡冠形。

岩生仙人笔
Senecio petraea，异名 *Kleinia petraea*

岩生仙人笔

别称蔓花月，千里光属植物。茎柔软，匍匐或下垂生长。肉质叶长卵形，在大温差、强光照的环境中叶缘呈红色，甚至整个片叶子都呈紫色。头状花序，花橙黄色。

铁锡杖

天龙
Senecio kleinia

天龙

别称夹竹桃叶仙人笔。肉质茎棒，灰绿色，有分枝。细长的叶子生于分枝或主茎上部。

泥鳅掌
Senecio pendulus

泥鳅掌

别称地龙、初鹰。肉质茎圆筒形，两头尖，灰绿或褐绿色，有深色线状条纹。叶线状，早枯，但不脱落，而是像小刺那样宿存在肉质茎上。总梗上有头状花序，花橙红或血红色。

泥鳅掌的花

白银杯
Senecio fulgens

白银杯

别称白云龙、绯之冠。具类似生姜的块茎。茎、叶均为肉质，叶色灰绿，背面紫色。头状花序，花红色。

白银杯的花

紫章
Senecio crassissimus

紫章

别称紫龙、紫蛮刀、鱼尾冠。植株有分枝。肉质叶倒卵形，青绿色，稍有白粉，在阳光充足的环境中叶基部及叶缘、茎枝均呈紫色。头状花序，小花群生，橙红色或黄色。

夏型种，用扦插或播种繁殖。

新月
Senecio scaposus

新月

别称银棒菊。具短茎，肉质叶轮生，呈低矮的莲座状排列。叶片直立或匍匐生长，呈棍棒状，稍扁平，顶端尖；叶表绿色，被有一层浓厚的细密白毛，因此看上去呈银白色或灰绿色。

原产南非，冬型种。喜凉爽干燥和阳光充足的环境，不耐酷热，夏季高温期处于休眠状态，此时应避免烈日暴晒、控制浇水，其他季节则要给予充足的阳光。可用播种或分株、扦插繁殖。

蓝松
Senecio serpens

蓝松

别称万宝。多分枝的亚灌木状。肉质叶扁圆柱形，表面平，蓝色被有白粉，顶端钝尖，在阳光充足的环境中呈褐色。

近似种蓝月亮（*S. antandroi*），植株多分枝，肉质叶细圆柱形，顶端急尖。

蓝月亮

银月

Senecio haworthii

银月

别称银锤掌。植株群生，有明显的茎干。肉质叶白色，轮生，排列成松散的莲座状；叶片两头尖，中间粗，呈纺锤状。

原产南非，冬型种，可用播种或分株扦插。

京童子

Senecio herreanus

京童子

别名大弦月城。茎细弱，球状肉质叶稍大，顶端尖，在阳光充足的环境中有褐色纵条纹。

京童子叶插虽然能生根，但很难长出新芽，因此一般剪取茎段扦插繁殖。

绿玉菊

Senecio macroglossus

绿玉菊

植株匍匐或悬垂、向上攀缘生长。肉质叶互生，具叶柄，叶片上部近似于三角形，较厚，很脆，容易折断；叶色深绿，有光泽和浅色脉纹。小花乳白色或黄白色，有黄心。斑锦变异品种'金玉菊'（白金菊），叶面上有不规则的黄色或白色斑纹，有时整个叶片都呈黄白色。

绿玉菊与五加科常春藤属的常春藤很相似，而'金玉菊'则与花叶常

'金玉菊'

绿玉菊的花

常春藤

春藤中的'冰雪常春藤'相似，甚至有人将两者混为一谈。其实，仔细观察它们还是有很大区别的，一般来说，常春藤植物的叶片呈心形或3~5裂，质薄，柔韧性好，不易折断；而绿玉菊叶片呈近似三角形，肉质，较厚，很脆，容易折断。如果从花的形态观察，两者的区别就更大了。

绿之铃的花

'绿之铃锦'

绿之铃的种子

绿之铃
Senecio rowleyanus

绿之铃

别称佛珠、佛珠吊兰、情人泪、绿铃、翡翠珠、绿串珠、一串珠、项链掌。茎极细，匍匐或悬垂生长。叶肉质，圆珠形，有微尖的刺状凸起，叶色深绿或淡绿，上有一条透明的纵条纹。头状花序，小花白色带有紫晕，多在秋冬季节开放。斑锦变异品种'绿之铃锦'，叶上有黄白色斑纹。

锦上珠
Senecio citriformis，异名 *S. pusillus*

锦上珠

别称白寿乐，京童子的近似种。植株直立或匍匐生长。肉质叶水滴状，绿色，被有白粉。

厚敦菊属（*Othonna*）　也称黄花新月属。原产南非和纳米比亚，草本或小灌木状。茎干形态有瓶干型、树干型、灌木型等变化，大部分种类具块根。其叶的肉质化程度不是很高，仅仅是稍微带点儿肉质，叶形有锯齿形、龙骨形、椭圆形、心形、匙形、长圆形、棒形等。花基本是黄色，也有少数种类为紫红色或白色。

冬型种，夏季叶子脱落，进入休眠状态，仅有少量种类四季常青。

黄花新月
Othonna capensis

黄花新月

别称紫弦月、紫玄月、紫佛珠、紫葡萄、玉翠楼。植株无块根，呈草本状。茎枝纤细，匍匐或下垂生长。肉质叶月牙形，在阳光充足的环境中茎、叶均为紫色。

本种与千里光属的绿之铃的株型极为相似，不少人将其视为绿之铃的近似种。

喜温暖干燥和阳光充足的环境，全年基本无明显的休眠期，但夏季高温时仍要适当控制浇水，以防腐烂。用扦插繁殖，非常容易成活。

刨花厚敦菊
Othonna retrorsa

刨花厚敦菊

块茎近似球形，叶剑形。夏季休眠时叶子虽然枯萎变黄，但并不脱落，而是像一团刨花那样包裹在块茎上。

花期的刨花厚敦菊

蛮鬼塔
Othonna herrei

蛮鬼塔

植株有分枝，表皮褐色，有光泽，具不规则的瘤状凸起。

黑鬼殿
Othonna euphorbioides

黑鬼殿

肉质灌木，有分枝，茎表灰褐色，叶灰绿色至鲜绿色。

格加厚敦菊
Othonna cacalioides

格加厚敦菊

别称惠比厚敦菊。具类似生姜的块根，表皮褐色。小叶厚，灰绿色。

卡拉非厚敦菊
Othonna clavifolia

卡拉非厚敦菊

茎基膨大，枝干表皮灰白色。叶棒形，灰白色。花黄色。

罗伯塔厚敦菊
Othonna lobata

罗伯塔厚敦菊

具膨大的茎基，枝干均为棕色。叶色灰绿。小花黄色。

美尻厚敦菊
Othonna triplinervia

美尻厚敦菊

植株呈有分枝的灌木状。叶倒卵形，绿色。开黄色小花。

木棉科 Bombacaceae

　　木棉科植物约有 20 个属，180 种，广泛分布于热带地区，比较著名的品种有木棉、榴莲、瓜栗（俗称发财树）、猴面包树等。其中的多肉植物主要有猴面包树、龟甲木棉、弥勒佛树等。其中的猴面包树植株高大，树干膨大，树姿奇特，是热带干旱地带的代表树种。

马达加斯加穆龙达瓦的猴面包树大道

具有 800 年树龄的澳洲猴面包树

龟甲木棉
Pseudobombax ellipticum

龟甲木棉

　　别称椭叶木棉、绿背龟甲、龟纹木棉、足球树，假木棉属落叶植物。基部不规则膨大，呈块状，表皮灰色，分布有绿色龟裂纹。枝干绿色，有分枝。掌状复叶互生，小叶 5 片，倒卵形，休眠期叶片脱落。花大，白色或粉红色，花丝很长，蒴果较大，长椭圆形。

　　原产墨西哥东南部、危地马拉等热带美洲，夏型种。栽培中可将过高的主干砍去，以促发枝叶和促进茎基膨大。通常用播种繁殖。

龟甲木棉的花

猴面包树
Adansonia digitata

猴面包树

别称非洲猴面包树、瓠树、猴树、猢狲面、旅人树，猴面包树属落叶乔木。树干粗壮膨大，木质疏松，易于吸收水分贮存水分，以度过严酷的旱季。多分枝，3~7片小叶组成的掌状复叶集生于枝顶。花生于近乎于枝顶的叶腋，具长梗，花白色，花瓣外翻。果实椭圆形，下垂，成熟后甘甜多汁，是猴子等动物最喜欢的食物，"猴面包树"之名也因此而得。

原产非洲热带、马达加斯加岛、大西洋及印度洋诸岛，阿拉伯半岛、澳洲北部等地区，我国的福建、广东、云南、海南等地也有引种栽培。该属共有芬尼猴面包树（*A.rubrostipa*）、马达加斯加猴面包树（*A. madagascariensis*）、澳洲猴面包树（*A. gregorii*）以及 *A. grandidieri*、*A. perrier*、*A. suarezensis*、*A. za* 等8种，这些都能在马达加斯加岛看到，其中6种还是马达加斯加岛独有的种类。

不耐寒，耐干旱，用播种繁殖。

猴面包树的花

猴面包树的果实

芬尼猴面包树的花蕾

芬尼猴面包树

芬尼猴面包树的花

澳洲猴面包树的果实

澳洲猴面包树

非洲大地的
猴面包树

弥勒佛树
Ceiba sp,

弥勒佛树

  原产非洲热带荒漠地区，吉贝树属落叶大乔木。高 10~15 米，伞形树冠，树干中下部膨大，幼树树皮浓绿色，密生锥状皮刺，成年后皮刺脱落，呈灰褐色，伴有绿色生长线；侧枝放射状水平伸展或斜向伸展；掌状复叶，5~6 片。花单生，花冠淡黄色，中心紫褐色，花瓣 5，反卷，花期 11 月至翌年 1 月。

  弥勒佛树叶色青翠，膨大的树干宛若弥勒佛的大肚子，奇特而可爱。

旋花科　Convolvulaceae

　　旋花科植物中最为人们熟悉的植物是牵牛花和甘薯。其中的多肉植物主要有番薯属（*Ipomoea*）的何鲁牵牛、布鲁牵牛、螺旋牵牛、木棉牵牛、蓝花牵牛、鸡骨牵牛等，爱好者把这类植物统称为"块根牵牛"。由于分类方法的差异，有些分类系统将其划归牵牛属。番薯属也称甘薯属。具肥大根状茎和柔韧的茎蔓，像经常食用的番薯。其块根的形状除了球形或近似球形外，还有其他不规则形状，花喇叭形，有粉红、蓝紫等颜色。均为夏型种，喜温暖干燥和阳光充足的环境。

布鲁牵牛
Ipomoea bolusiana

布鲁牵牛

何鲁牵牛
Ipomoea holubii

何鲁牵牛

　　原产非洲南部，从南非到纳米比亚都有分布。具硕大的半圆球形块根（据有关资料记载，最大直径有 60 厘米）。叶子细长，无裂，形似柳叶，即"一叶柄生一叶"。花粉红色，漏斗形，昼开。

　　主要分布在博茨瓦纳和纳米比亚，与布鲁牵牛近似。主要区别是，叶子有深至叶柄的 3 裂，类似鸡爪，即"一叶柄生三叶"。

螺旋牵牛
Ipomoea platensis

螺旋牵牛

原产巴拉圭。块根呈不规则形。叶片幼时心形，成年后呈辐射状深裂，叶缘有锯齿。花粉红色。

鸡骨牵牛
Ipomoea pubescens

鸡骨牵牛

别名蓝花牵牛，具块根。叶 3 裂。花蓝色。

葫芦科 Cucurbitaceae

　　葫芦科植物广泛分布于热带、亚热带和温带地区，比较著名的种类有葫芦以及南瓜、西瓜、黄瓜等瓜类，是重要的食用植物。其中多肉植物以茎干状为主，其膨大的茎基露出地面，顶部有丛生的卷须和茎枝，这种茎枝能保持多年。花单性，有时雌雄异株。当然，也有叶多肉的植物，像碧雷鼓等。

　　葫芦科多肉植物均为夏型种，四季常青，但过于干旱时会落叶。除碧雷鼓外，均为播种繁殖。

睡布袋
Gerrardanthus macrorhizus

睡布袋

藤状茎有着很强的攀附能力，可达 10 米以上。叶倒五角形。

　　近似种银叶睡布袋（ *G. lobatus* ），叶面有银白色光泽，也有人认为两者是同一植物在不同环境下的表现差异（干养银叶，湿养绿叶）。

银叶睡布袋

　　别称绿叶（肌）睡布袋，睡布袋属多肉植物。块状茎裸露在地面，呈圆盘状或球状，最大直径可达 1 米，表面坚硬光滑，呈灰白色或土黄色。

嘴状苦瓜
Momordica rostrata

嘴状苦瓜

苦瓜属植物。具膨大的肉质茎干，在原产地埋入土中。枝细藤状，长约7米。掌状复叶。花黄色，花瓣有茸毛。

嘴状苦瓜的花

三裂史葫芦
Zygosicyos tripartitus

三裂史葫芦

原产马达加斯加岛，史葫芦属。扁球状茎干直径约10厘米，顶端簇生木质喜分枝。叶3裂，稍具毛。花黄绿色。

碧雷鼓
Xerosicyos danguyi

碧雷鼓

沙葫芦属攀缘植物，原产马达加斯加岛的西南部。无膨大的茎干，茎直立或匍匐生长，基部有分枝，茎上有攀附用的卷须。叶肉质，互生，椭圆形，正面凹，绿色，被有白霜。花淡黄绿色。

夏型种，用扦插或播种繁殖。

棉花棒
Seyrigia humbertii

棉花棒

葫芦科 *Seyrigia* 属植物。植株无叶，具块根。肉质茎丛生，细棒状，有节，绿色密布白毛，犹如一根根棉花棒。

夏型种，用扦插或播种繁殖。

笑布袋
Ibervillea sonorae

笑布袋

笑布袋属植物，原产墨西哥北部。茎基膨大呈球状或瓶状，表面灰白色，粗糙，有裂纹。藤状枝上有蓝绿色卷须。叶扇形，3 深裂，背面有粗毛。花冠钟状，黄绿色，夏季开放。

伊莎头葫芦
Cephalopentandra ecirrhosa

伊莎头葫芦

别称艾克露莎葫芦，立布袋属植物。茎基粗糙，凹凸不平。叶长椭圆形，叶缘波浪状。

景天科 Crassulaceae

按《中国植物志》分类系统，景天科植物有东爪草亚科（Crassuloideae BERGER）、伽蓝菜亚科（Kalanchoideae BERGER）、景天亚科（Sedoideae BERGER）等三个亚科，34属1500种以上。此外，还有着大量的园艺种和杂交种、变种。其多肉植物为多年生草本植物。叶互生、轮生或对生，多以叶多肉类为主；也有少量的块茎或块根类，它们大多集中在奇峰锦属。

景天属（*Sedum*） 它是景天科最大的属，约有600种，广泛分布于北温带和热带高山地区。植株呈草本或小灌木状，茎直立或匍匐生长，肉质叶对生或呈覆瓦状、莲座状排列。

绿龟卵
Sedum hernandezii

绿龟卵

绿龟卵的花

群毛豆

植株多分枝，茎上有黄棕色茸毛。肉质叶卵形，绿色，环状互生，叶上有细微的膜状茸毛，并有龟裂状的纹路。簇状花序，小花黄色。近似种有群毛豆（*S. furfaceum*，也称玉莲）等。

冬型种，用扦插繁殖。

胭脂红景天
Sedum spurium 'Coccineum'

胭脂红景天

光'。近似种'浆果'，其叶更加紧密透亮，阳光充足时鲜红晶莹，极为美丽。

'虹之玉锦'   '浆果'

因在休眠或干旱时顶端的叶子包裹在一起，形成类似玫瑰的花苞，故也被称为小球玫瑰、龙血玫瑰。植株多分枝。叶对生，卵形至楔形，叶缘上不锯齿状，叶片在阳光强烈时呈胭脂红色。近似种有叶子呈绿色的'绿景天'。

薄雪万年草
Sedum hispanicum

薄雪万年草

虹之玉
Sedum rubrotinctum

虹之玉

别称虹玉、玉米石、耳坠草。植株丛生。肉质叶互生，圆筒形至卵形，绿色，表皮光亮，在阳光充足的条件下转为红色。小花淡黄红色。斑锦变异品种'虹之玉锦'也称'虹之玉之

别称薄雪万年青，景天属多肉植物。具须根性，纤细的肉质茎匍匐生长，接触土壤即可生不定根。叶棒状，密集生长于茎的顶端，绿色或蓝绿色，表面有白粉，下部的叶易脱落，在阳光充足、冷凉且昼夜温差较大的环境中，植株呈美丽的粉红色。小花白色，夏季开放。有'（丸叶）黄金万年草''大薄雪万年草''旋叶万年草''圆叶万年草锦'等园艺种。

'圆叶万年草锦'　　　'大薄雪万年草'

薄雪万年草缀化　　　'黄金万年草'

薄雪万年草的花

信东尼
Sedum hintonii

信东尼

　　肉质叶排成紧密的莲座状，叶片广卵形至散三角卵形，绿色，叶面上布满白色茸毛。

　　冬型种，用扦插或播种繁殖。

姬星美人
Sedum anglicum

姬星美人

　　植株低矮，多分枝。膨大的肉质叶互生，倒卵圆形，绿色。花淡粉白色。品种有大姬星美人、旋叶姬星美人、毛叶姬星美人等。

春之奇迹
Sedum versadense var. *chontalense*

春之奇迹

　　植株丛生。肉质叶莲座状，叶面上有茸毛，在温差大、阳光充足的环境中呈粉红色。

小玉
× *Cremnosedum* 'Little Gem'

小玉

　　杂交种，通常划归景天属。小型种，易群生。具肉质茎，初呈直立状，以后逐渐匍匐生长，肉质叶莲座状排列，光滑而厚实，绿色至暗红或紫红色，在晚秋和早春光照充足和昼夜温差较大的环境中暗褐色尤为显著。簇状星形花朵黄色，早春开放。

球松
Sedum multiceps

球松

　　别称小松绿。植株低矮，多分枝，老茎灰白色，新枝浅绿色。肉质叶近似针状，但稍宽，长约1厘米，簇生于枝头，绿色；老叶干枯后贴在枝干上，形成类似松树皮般的龟裂。小花黄色，星状，春桃开放。有缀化、斑锦等变异品种。

　　产于北非的阿尔及利亚，冬型种。度夏困难，春天出现花蕾时要及时掐掉，以免消耗过多的养分，导致夏季死亡。可用扦插繁殖。

球松缀化

乙女心
Sedum pachyphyllum

乙女心

　　原产墨西哥的瓦哈卡州。肥厚的肉质叶簇生于茎的顶端，圆柱状，淡绿色或淡蓝灰色，被有白粉，先端红色（在冷凉季节，阳光充足的环境中尤为显著，甚至整个叶子都是红色）。有缀化变异品种'乙女心缀化'以及'果冻乙女心'（也有人认为这是乙女心在温差大、阳光充足而强烈等特定环境中呈现的一种状态）等品种。

"果冻乙女心"

"乙女心缀化"

天使之泪
Sedum treleasei

天使之泪

肉质叶卵形，背面凸起，叶面光滑，蓝绿色，被有白粉。小花黄色，钟状，春天或秋天开放。

无独有偶，在芦荟科瓦苇属中也有天使之泪，为本种的异物同名植物。

八千代
Sedum corynephyllum

八千代

乙女心的近似种。其茎直立。叶色黄绿，无白粉，此外其叶形、株型也与乙女心略有差别。

春秋型种，夏季有短暂的休眠，可用扦插繁殖。

新玉缀
Sedum burrito，异名 *Sedum morganianum* var. *burrito*

新玉缀

别称新玉串、新玉帘。植株悬垂或匍匐生长，肉质叶排列密集，长圆形，顶端圆润，浅绿色，被有白粉。

近似种玉缀（*S. morganianum*），肉质叶稍大，弯曲，似香蕉，顶端尖，也有人认为新玉缀是玉缀的变种。

八千代缀化

汤姆漫画
Sedum commixtum

蓝豆　绿豆

汤姆漫画

　　别称漫画汤姆。茎直立，易生侧芽。肉质叶卵形，在茎顶端排成莲座状，叶色浅绿或蓝绿色，被有薄粉，在阳光充足的环境中叶缘红色至紫红色，叶尖接近黑色。

　　春秋型种，可用叶插或茎插繁殖。

婴儿手指
Sedum 'BabyFinger'

婴儿手指

　　肉质叶圆柱形，粉嫩色，犹如婴儿的手指，在阳光充足的环境中先端呈粉红色。

赤豆
Sedeveria 'Whitestone Crop'

赤豆

　　别称白石，景天属与拟石莲属杂交种。茎直立或倾斜。肉质叶卵形，肥厚饱满，绿色，经日晒后呈黄、橙、紫红等颜色。近似种有珊瑚珠、黑莓、蓝豆、绿豆等。

　　春秋型种，可用扦插或分株繁殖。

春萌
Sedum 'Alice Evans'

春萌锦

　　杂交种，肉质叶长卵形，排成莲座状，绿色至黄绿色，光照强烈和温差大的环境中带有果冻般的透明。总状花序，钟状小花，白色，春季开放。

有斑锦变异品种'春萌锦'。

劳尔
Sedum clavatum

劳尔

出状态的劳尔

劳尔锦

即凝脂莲，易群生。肉质叶匙形，莲座状排列，绿色（出状态后呈橙色，并带有绿色），被有白粉。

拟石莲属（*Echeveria*）　也称石莲花属。原始种约有170个，杂交种、栽培变种、优选种等园艺种数不胜数，甚至还有不少跨属的杂交种，像与风车草属植物杂交品种'银星'以及'紫葡萄''小玉'等。

大多数种类植株呈矮小的莲座状，也有少量种类植株有短的直立茎或分枝。叶片的肉质化程度不一，有厚有薄，形状有匙形、圆形、圆筒形、船形、

拟石莲属植物的花序

披针形、倒披针形等多种，部分种类叶片被有白粉或白毛。叶色有绿、紫黑、红、褐、白、蓝等颜色，而每种颜色又有深浅的变化，有些叶面上还有美丽的花纹、大的疣状凸起，叶尖或叶缘呈红色。此外，某些种类还有斑锦变异品种和缀化变异品种。花序因种类的不同而异，有总状花序、穗状花序、聚伞花序等，花小型，瓶状或钟状，花色以红、橙、黄颜色为主。

玉蝶
Echeveria glauca

别称石莲花。植株具短茎，易从基部萌芽。肉质叶呈标准的莲座状排列，叶短匙形，稍直立，先端圆而有小尖，微向内弯曲，叶色浅绿或蓝绿，质稍薄，被有白粉或蜡质层。总状花序弯曲呈蝎尾状，小花淡红色，先端为黄色，夏秋季节开放。有缀化、斑锦等变异品种。

玉蝶锦

静夜
Echeveria derenbergii

静夜

小型种，植株易群生。肉质叶排成紧密的莲座状，叶色嫩绿，叶尖呈美丽的红色，在阳光充足，昼夜温差较大的尤为明显。斑锦品种有'静夜锦''白静夜'等，近似种有'大型静夜''甘草船长'等。

'静夜锦'

'白静夜'

'甘草船长'

东云
Echeveria agavoides

东云

'乌木'

'玉杯东云'

'腮红东云'

'魅惑之宵'

大型种。肉质叶呈莲座状排列，叶色深绿，有些品种还带有淡粉色，叶尖红色至黑紫色，有些品种叶缘也呈红色或黑色（在大温差、全光照的环境中尤为显著）。其变种及园艺种极多，主要有'罗密欧''玉杯东云''天狼星''思锐''腮红东云''魅惑之宵''相府莲''乌木'等；有缀化品种'东云缀化'（也称琥）、斑锦品种'东云锦'。其中的'乌木'状态最佳时叶色呈青灰色，叶缘，甚至叶片上部的1/3为黑色，并有红色斑点，谓之"玉底，黑边，出血"，但在光照不足、昼夜温差减小的情况下，这种状态就会减退，黑边变成红边，甚至完全消失。

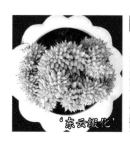
'东云缀化'

'黄体东云'

小蓝衣
Echeveria setosa var. *deminuta*

小蓝衣

别称小兰衣。肉质叶排成莲座状，叶蓝绿色，被有白粉，叶缘有白色刺毛。近似种有姬小光、青渚莲等。

青渚莲

姬小光

小蓝衣缀化

姬莲
Echeveria minima

姬莲

　　肉质叶排成莲座状，叶片较短，蓝绿色，有白霜，叶缘和叶尖呈红色。有'蓝姬莲''墨西哥姬莲'等园艺种。

'墨西哥姬莲'

'蓝姬莲'

吉娃莲
Echeveria chihuahuaensis

吉娃莲

　　别称吉娃娃。肉质叶卵形，肥厚，先端急尖，叶色蓝绿或翠绿，被有白粉，叶尖及叶缘均为红色。红色小花，钟状。斑锦品种为'吉娃莲锦'，近似种有'杨贵妃'等。

'吉娃莲锦'

雪莲
Echeveria laui

雪莲

　　肉质叶圆匙形，呈莲座状排列，叶色褐绿，被有浓厚的白粉，因此看起来呈白色。近似种有'芙蓉雪莲'（该植物与'橙梦露'较为相似，甚至有人认为是同一种植物的不同状态）、'雪天使'等。

'芙蓉雪莲'　　'橙梦露'

雪天使缀化　　'雪天使'

雪莲锦

狂野男爵
Echeveria 'Baron Bold'

狂野男爵

　　肉质叶呈莲座状排列，叶片长圆形，有点波浪，叶面上有大面积凸起不规则瘤状疣凸，叶色灰绿至紫红。

黑王子锦
Echeveria 'Black prince' f. *variegata*

黑王子锦

　　黑王子的斑锦变异品种。植株具短茎。肉质叶排列成标准的莲座状，叶片匙形，稍厚，顶端有小尖，叶色黑紫，有黄色不规则斑纹。

　　黑王子的近似种有'黑骑士'等。

雨滴
Echeveria 'Rain drops'

雨滴

　　园艺种。肉质叶莲座状，叶圆匙形，前端较圆，有叶尖，在阳光充足的环境中叶缘呈红色（甚至红色可蔓延至整个叶面），叶面有雨滴形或圆形瘤状疣突。

小红衣
Echeveria globulosa

小红衣

鱿鱼的花

肉质叶莲座状排列，叶扁平，绿色；叶缘呈半透明状，在光照强烈的时候，有美丽的红尖和红边。其近似种很多，都被称为"小红衣"，为了区别其他"小红衣"，又将 *E. globulosa* 称为正版小红衣或老版小红衣。

鱿鱼
Echeveria lutea

鱿鱼

别称章鱼。肉质叶倒披针形，两侧向上卷起，形成明显的凹槽。总状花序，花钟状，黄色。

月影
Echeveria elegans

'白月影'

别称美丽石莲花、雅致石莲花。肉质叶呈莲座状排列，叶长圆状倒卵形或倒卵状楔形，有短尖，质厚，灰白色至浅绿色，有时叶缘带有透明的边（俗称"冰边"）。

月影原产墨西哥，由于原产地环境的不同，其叶形、叶色和叶子的厚薄也有着一定的差异。月影是拟石莲属中经典的杂交亲本，有着极为丰富的杂交种。有些杂交种再进行杂交，就又产生了新品种。人们把这些植物统称为"月影系"，像'厚叶月影''白月影''蓝月影''红边月影''蔷薇月影''水晶月影''皱叶月影''粉月影''豌豆月影''星影''冰莓''海琳娜''昂斯洛''秋宴''紫罗兰女王''莎莎女王''月光女神''伊利亚''桑切斯''阿尔巴美尼''蓝色惊喜''魅惑之月''墨西哥雪球''玉杯东云''猎户座''柠檬贝瑞''双子贝瑞''奶油贝瑞''雪兔''静月''鬼魅''冰玉'，等等。需要指出的是，由于"月影系"植物在不同的栽培环境中外观差异很大，从而导致品种辨识上的争议和名称的混乱，一物多名、同名异物等现象屡见不鲜。

'红边月影'

红边月影缀化　'厚叶月影'

'蓝月影'　'蔷薇月影'

'海琳娜'　'猎户座'

酥皮鸭
Echeveria supia

酥皮鸭

植株呈多分枝的灌木状。肉质叶卵形，有叶尖，表面光滑，绿色；在阳光充足的环境中叶缘、叶尖及叶的上部均呈红色。

蜡牡丹
Echeveria 'Rolly'

蜡牡丹

植株多分枝，呈矮灌木状。叶面有蜡质光泽，夏季或其他季节阳光不足时呈绿色，冷凉季节在光照充足的环境中则为橙红乃至红色。

形，灰绿色，布满白色茸毛；在阳光充足、温差大的环境中，叶缘（甚至大部分叶片）呈红色。变种'雪晃星'（ *E. pulvinata* 'frosty'），新叶雪白，老叶偶呈粉红色；近似种有红炎辉等。

蓝苹果
Echeveria 'blue apple'

蓝苹果

雪晃星

红炎辉

别称蓝之天使，拟石莲属与景天属杂交种。植株易从下部分枝，叶匙形，背面凸起，叶色随季节、温差、光照而变化，或呈蓝绿色，或呈蓝紫色，叶尖有红色色晕，老叶的背面有大面积的红晕。

锦司晃
Echeveria setosa

锦司晃

锦晃星
Echeveria pulvinata

锦晃星

别称茸毛掌、芙蓉掌。植株呈有分枝的灌木状。叶肉质，卵状倒披针

别称多毛石莲花。老株易群生。肉质叶基部狭窄，先端卵形，具长而浓密的白毛，叶色灰绿，先端微呈褐色。由其衍生的相近品种有变种'王妃锦司晃'、与雪晃星杂交的缀化变异品种'白闪冠'、与静夜的杂交种'玫瑰莲'（ *Echeveria derosa* ）等。

原产墨西哥，冬型种，用播种或分株繁殖。

白肉冠缀化

别称纽伦堡珍珠。杂交种。肉质叶莲座状排列，呈美丽的紫罗兰色，在温差大和阳光充足的环境中颜色尤为鲜亮。其斑锦变异品种'彩虹'，叶片上有鲜嫩的粉红色。

广寒宫
Echeveria cante

广寒宫

大型种。肉质叶较薄，长匙形，先端尖锐，中间部位略凹陷，被有浓厚的白粉，呈蓝白色，叶缘容易变红。

春秋型种，不易萌发侧芽，只能用播种繁殖。

紫珍珠
Echeveria 'Perle von Nurnber'

紫珍珠

'彩虹'

子持白莲锦
Echeveria prolifica **f. *variegata***

子持白莲锦

别称帕米尔玫瑰锦。肉质叶排成小莲座状，叶色淡绿或灰绿，叶缘有白色斑纹，叶丛中有走茎抽出，其先端有莲座状状叶丛，从而形成大的群生柱。

鲁氏石莲锦
Echeveria runyonii f. variegata

鲁氏石莲锦

　　肉质叶匙形，呈莲座状排列，叶色灰绿，微被白粉，两边有黄色斑纹。花倒钟形，黄色。

鲁氏石莲

苯巴蒂斯
Echeveria 'Ben Badis'

苯巴蒂斯

　　别称点绛唇。由大和锦（父本）与静夜（母本）杂交而成。叶匙形，背面有明显的龙骨突，具叶尖，一般状态下呈浅绿色，出状态后叶尖、叶缘及叶背的龙骨突均变为红色。有斑锦、缀化等变异品种。

苯巴蒂丝缀化

杜里万
Echeveria tolimanensis

杜里万

　　别称杜里万莲，原产墨西哥。叶莲座状排列，窄披针形至线形、椭圆形，上面较扁平，先端有芒尖，略被白粉；叶色随季节而变化，夏季呈绿色或灰白色，冷凉季节阳光充足时叶尖，甚至整个叶子都呈橘红色。

杜里万（叶尖变红）

春秋型种，可用叶插、分株或播种繁殖。

'小和锦'　　　　　　　'小和锦之光'

'大和锦之光'　　　　　'大合美尼'

大和锦

Echeveria purpusorum

大和锦

肉质叶排成紧密的莲座状，叶色灰绿，有褐色斑纹。常见的大和锦多为酒神（*E.* 'Dionysos'）的杂交后代。

大和锦原产墨西哥，是一个不错的杂交亲本。育成的品种主要有与静夜的杂交种'苯巴蒂斯'（*Echeveria* 'Ben Badis'）和'法比奥拉'（*Echeveria* 'Fabiola'），与风车草属桃之卵的杂交种'葡萄'以及'央金''赫拉'等，变种有'大合美尼''小和锦'，还有'小和锦之光''白和锦'等斑锦变异和缀化变异。

蒂比

Echeveria 'Tippy'

蒂比

俗称"TP"。静夜与吉娃莲的杂交种，小型种，易群生。莲座状株型。肉质叶长匙形，前端斜尖，叶色随季节不同而变化，从黄绿色到蓝绿色，叶缘及叶尖常呈红色。

麒麟座
Echeveria monocerotis

'麒麟座锦'

　　株型近似大和锦，叶色白绿，有浅绿色斑点，叶缘红褐色，稍有皱褶。斑锦品种'麒麟座锦'，叶面有黄色斑纹。

纸风车
Echeveria sp. 'Pinwheel'

纸风车

　　由拟石莲属的一个未定名种培育成的园艺种。肉质叶莲座状排列，叶色蓝灰，被有白粉，叶尖呈红色。

　　原产墨西哥，春秋型种，夏季休眠不是很明显。用叶插或分株繁殖。

蒂亚
× *Sedeveria* 'Letizia'

一般状态的蒂亚

　　别称绿焰，拟石莲属的静夜与景天属的跨属杂交种。植株多分枝，呈灌木状，肉质叶呈莲座状排列在枝头；正常状态下的叶子呈绿色，上色后，会从叶缘逐渐变红，甚至整个叶子都呈鲜红色（俗称"火焰蒂亚"），非常惊艳。

出状态的蒂亚

蒂亚缀化

红爪
Echeveria mexensis 'Zalagosa'

红爪

别称野玫瑰之精、墨西哥女孩。肉质叶莲座状排列，叶尖呈红色。有黑爪、绿爪等近似种。

黑爪

红稚莲
Echeveria 'Minibelle'

红稚莲缀化

植株多分枝，呈群生小灌木状。叶色灰绿，在阳光充足、昼夜温差大的环境中，叶的上半部呈红色。有缀化等变异品种。

紫心
Echeveria 'Rezry'

紫心

别称粉色记忆、瑞兹丽。植株多分枝，易形成老桩。叶匙形至长匙形，叶色丰富，有蓝绿至橙黄、粉红色至紫色等色系。

石莲属（*Sinocrassula*） 该属多肉植物主要分布于印度、中国和巴基斯坦，植株具莲座状叶丛，叶片无毛或稍有凸起状毛。有石莲、滇石莲、长柱石莲、密叶石莲等种，以及一些园艺种。

因地卡
Sinocrassula indica

因地卡

茎直立或匍匐生长，肉质叶呈莲座状排列。叶菱形或匙形，具短尖，叶色蓝绿，在阳光充足、温差大的环境呈红褐色。总状花序，小花星状，粉黄色，夏末秋初开放。

滇石莲
Sinocrassula yunnanensis

滇石莲

别称四马路。植株丛生，肉质叶莲座状排列，倒披针形至匙形，先端急尖或渐尖，密被白色短柔毛。伞房花序，小花黄绿色。

莲花掌属（*Aeonium*） 该属植株呈灌木状，有分枝。肉质叶在茎顶端排列成莲座状。总状花序，抽花后的莲座状叶盘会枯死，但花梗上会有不定芽长出。约有40种原始种，并有着大量的园艺种。

野生状态下的莲花掌属植物

红缘莲花掌
Aeonium haworthii

红缘莲花掌

植株呈多分枝的亚灌木状。肉质叶倒卵形，呈莲座状排列在枝头，叶缘红色，有睫毛状纤毛。

原产大西洋的加那利群岛，夏季高温时有短暂的休眠，可用扦插繁殖。

明镜
Aeonium tabuliforme

明镜

别称盘叶莲花掌。植株具分枝。叶匙形，叶色草绿至灰绿、深绿，叶缘有白色纤毛，叶片全部由中心水平向周围辐射生长，使整个叶盘平整如镜。有缀化品种'明镜冠'。

'明镜冠'

假明镜
Aeonium pseudotabuliforme

假明镜

具分枝，叶片排列不像明镜那么整齐。

黑法师
Aeonium arboreum 'Atropureum'

黑法师

别称紫叶莲花掌。植株呈灌木状，多分枝，老茎木质化。肉质叶匙形，稍薄，叶缘睫毛状，叶色黑紫，生长旺盛时则为绿紫色。总状花序，小花黄色，花后通常植株枯死。

黑法师的园艺种、近似种及变异品种有50多种，不时还有新品种推出。这些被统称为"法师系"的植物，共同特点是：植株多分枝，呈灌木状。肉质叶在枝头聚成莲座状，生长期叶子展开，休眠期及阳光充足的环境中叶子包裹成花苞状；叶色有黑、紫、绿、粉红、红，有些还有美丽的黄色斑纹，甚至在不同环境、不同季节，叶色也有不同。主要有'圆叶黑法师''墨法师''红法师'（众曲赞）'紫羊绒''绿羊绒''绿法师''韶羞法师''八尺镜法师''铜壶法师''孔

雀'‘凤凰'‘阴阳法师'‘万圣节
法师'‘翡翠冰'‘巫毒法师'‘独
眼巨人法师'‘嘉年华法师'‘沙拉
碗法师'‘香炉盘'（有韩版和欧版
之分）‘玫瑰法师'‘红覆轮锦'‘美
杜莎法师'等。

　　冬型种，夏季休眠。用扦插或播
种繁殖。

紫羊绒缀化

嘉年华
美杜莎
黑法师的花
黑法师缀化
玫瑰法师缀化
红覆轮法师
万圣节法师
翡翠冰
翡翠冰缀化
阴阳法师
生长多年的"法师系"

艳日辉
Aeonium decorum f. *variegata*

艳日晖

　　别称夕映、清盛锦。植株丛生状，
有分枝，倒卵形肉质叶在枝头组成莲
座状叶盘，叶的中央淡绿色与杏黄色
间杂，边缘有红色斑块。在温差较大、
日照较多的环境下，叶片颜色会从金
黄转变为红色，色彩绚丽斑斓。

花叶寒月夜
Aeonium subplanum f. *variegata*

花叶寒月夜

别称灿烂，园艺种。植株有分枝。叶聚生在枝头，排成莲座状，叶质薄，倒卵形，叶缘有锯齿，叶边缘黄色或略带粉红色。此外，还有叶缘绿色、中央呈黄色的品种，谓之'中斑莲花掌'，并有缀化变异品种。总状花序，花后植株枯死。

春秋型种，扦插繁殖。

'丸叶小人祭'

'小人祭锦'

玉龙观音
Aeonium holochrysum

玉龙观音

别称君美丽。植株多分枝，呈灌木状。叶片绿色，生于枝头，呈莲座状排列。

'花叶寒月夜缀化'

'中斑莲花掌'

小人祭
Aeonium sedifolius

小人祭

别称日本小松、镜背妹。植株多分枝，呈灌木状。肉质叶绿色，在阳光充足的环境中有褐色斑纹。变种有叶片肥而厚的'丸叶小人祭''小人祭锦'等。

爱染锦
Aeonium domesticum 'Variegata'

爱染锦

多分枝。肉质叶绿色，有黄色斑纹。

山地玫瑰

Aeonium aureum

山地玫瑰的花

　　别称高山玫瑰、山玫瑰。肉质叶呈莲座状排列。株幅因种类不同差异很大，小型种 *A. aizoon* 只有 2~4 厘米，而大型种 *A. diplocyclum* 能长到 30 厘米或更大。叶色有灰绿、蓝绿或翠绿等颜色，暴晒后叶子有时会有红褐色斑纹，有些品种叶面上还稍具白粉和茸毛，叶缘有"睫毛"。花期暮春至初夏，总状花序，花朵黄色，花后随着种子的成熟，母株会逐渐枯萎，但其基部会有小芽长出。有'山地玫瑰''黄金玫瑰''绿玫瑰花苞''鸡蛋玫瑰'等品种。

　　山地玫瑰的英文名为 Mountain Rose（直译为"山玫瑰"）。植株在夏季的休眠期叶片紧紧包裹在一起，酷似一朵即将绽放的"玫瑰花苞"，到了生长期则叶子展开，又像一朵盛开的荷花，而中央部分的叶子依旧层层叠叠，与"玫瑰花"（实为切花月季）很相似。其实，景天科莲花掌属、石莲花属、景天属、瓦松属中的不少种类在休眠期叶片闭合，包裹在一起，看上去都跟玫瑰花苞有些近似；但到了生长期就散开，形似莲花。像作绿化用的胭脂红景天就被一些人称为"小球玫瑰""龙血玫瑰"。

'鸡蛋玫瑰'

休眠期的山地玫瑰

即将闭合的山地玫瑰

长生草属（*Sempervivum*） 该属植物在非洲北部、欧洲、美洲及亚洲都有分布，约有40个原始种，其变种和栽培品种的数量很大。植株单生或群生，肉质叶呈紧凑的莲座状轮生，一些品种叶上分

长生草属植物

布有茸毛或毫毛，叶绿色；某些种类在阳光充足的冷凉环境中，叶尖或叶缘呈红褐色或紫红色，甚至整个叶子都为红褐色；还有一些园艺种叶色则呈美丽的金黄色。聚伞式圆锥花序，花色有黄、红、白、绿等。

观音莲
Sempervivum tectorum

观音莲

别称观音座莲、佛座莲、平和。植株具莲座状叶盘，其品种很多。叶盘直径3~15厘米，肉质叶匙形，顶

'长生草缀化'

端尖；叶色依品种的不同，有灰绿、深绿、黄绿、红褐等色，叶顶端的尖呈绿色、红色或紫色，叶缘具细密的锯齿。小花星状，粉红色。有缀化、斑锦等变异品种。

蛛网长生草
Sempervivum arachnoideum subsp. *tomentosum*

蛛网长生草

别称蛛丝卷绢。植株群生，呈垫状生长。莲座状叶盘很小，倒卵形肉质叶排列紧密，绿色中带红色，叶尖有白毛在植株顶部联结，犹如蜘蛛网。花粉红色。有缀化等变异品种。

'蛛网长生草缀化'

蛛网长生草的花

肉质叶排成莲座状，叶片蜡质，有细小的茸毛，在阳光充足的环境中呈紫红色。有缀化变异品种'紫牡丹冠'。

羊绒草莓
Sempervivum ciliosum

羊绒草莓

'紫牡丹冠'

植株群生。肉质叶排成莲座状，叶表有白色茸毛，犹如一个毛茸茸的草莓；叶绿色，冷凉季节呈绯红色。

百惠
Sempervivum ossetiense

紫牡丹
Sempervivum ciliosum

紫牡丹

百惠

肉质叶管状，顶端截面略倾斜，叶尖在冷凉季节呈红褐色。

瓦松属（*Orostachys*） 该属多肉植物的肉质叶排成莲座状，花后叶盘枯死，基部萌发蘖芽延续生命。该属约有20种。

瓦松

Orostachys fimbriata

瓦松

一年生或多年生草本植物。肉质叶排成松散的莲座状，花期秋季，总状花序。该植物多生长在山上岩石缝隙或老房子屋顶的瓦上，开花时一簇簇的花序犹如微缩版的松树，在寒冷地区冬季植株枯死，种子散落在土壤中，翌年春季萌发。

夏型种，喜温暖的环境，有一定的耐寒性。冬季对其稍加保护，基本会萌发新芽，继而长成新株。

瓦松的花

子持莲花

Orostachys boehmeri

子持莲花

别称子持年华。肉质叶聚生成莲座状，匍匐走茎呈放射状蔓生，沾土即生根，成为新的植株。叶倒卵形，先端尖，绿色。伞房花序顶生，花瓣白色。有斑锦变异品种'子持莲华锦'。

夏型种，可用分株、扦插繁殖。

'子持莲华锦'

富士

Orostachys iwarenge f. *variegata* 'Fuji'

富士

肉质叶呈莲座状排列，叶片椭圆形，顶端稍尖，叶面被有白粉，叶色蓝绿或灰绿，叶缘有白色斑纹。近似种凤凰，也称富士中斑，其株型与富士相似，叶色与富士相反，即叶缘为绿色，叶中心有黄白色斑纹。如果叶色全部呈绿色，则称为'绿凤凰'（也称青凤凰、玄海岩、玄海岩莲花）；'金星'的叶缘则为黄色。

冬型种，一般只能采用"砍头"法促发侧芽，然后取下芽体进行扦插繁殖。

凤凰　'绿凤凰'

青锁龙属（*Crassula*）植物是景天科中的第二大属，有250~300个原始种。同时，该属也是形态变化较大的一个属，其株型有塔形、莲座形、灌木状等多种形态，肉质叶对生或交互对生，叶色有绿、白、红、黄、斑纹等，叶表分布有细小的疣突或茸毛。

青锁龙
Crassula muscosa

青锁龙

青锁龙缀化

青锁龙锦

若绿

植株丛生，茎细，易分枝。鳞片状叶呈三角形，在茎和分枝上排列成非常紧密的四棱，以致被误认为植株只有绿色的四棱形茎枝而无叶。黄绿色小花着生于叶的腋部，不甚显著。近似种有若绿（*C. muscosa* 'Purpusii'），其变异品种有斑锦、缀化等。

白稚儿
Crassula plegmatoides

白稚儿

玉稚儿

株型比稚儿姿细,易群生,生长多年的植株匍匐或下垂生长。

夏季高温时有短暂的休眠,但不是很明显。繁殖以扦插为主。

稚儿姿
Crassula deceptor

稚儿姿

肉质叶交互对生,排列紧密,使植株呈钝角四棱柱形;叶肥厚,叶色灰白或灰绿,密布舌苔状小疣突。近似种有玉稚儿(*C. arta*)等,还有稚儿姿与神刀的杂交种'纪之川',与小夜衣的杂交种'龙宫城'。

冬型种,可用扦插或播种繁殖。

神刀
Crassula falcate

神刀

肉质叶互生,镰刀状,灰绿色,有淡淡的白粉。另有其斑锦变异品种'神刀锦',小型变种'达摩神刀'等。

'神刀锦'

'达摩神刀'

都星
Crassula mesembrianthemopsis

都星

'纪之川锦'

　　肉质叶排列密集，灰绿色，密布白色疣突。都星的园艺种十分丰富，甚至与稚儿姿等跨种杂交，育成新的品种。

纪之川
Crassula 'Moonglow'

纪之川

　　稚儿姿与神刀的杂交种。肉质叶交互对生，排列紧密，侧看呈塔形，叶色灰绿，有茸毛感。其变异种有'六角纪之川'及'纪之川锦'等。

小夜衣
Crassula tecta

小夜衣

　　肥厚的肉质叶对生，排列紧密，叶绿色，有舌苔状细微的颗粒。聚伞花序，小花粉红色。优选种有'小雪衣'，其叶呈灰白色。

'小雪衣'

龙宫城
Crassula 'Ivory Pagoda'

龙宫城

别称象牙塔，为稚儿姿与小夜衣的杂交种。肉质叶对生，有褶皱和灰白色细小疣突。其斑锦变异种'龙宫城锦'，植株有粉红色斑纹。

'龙宫城锦'

神童
Crassula Shindou

神童

别称新娘捧花，园艺种。肉质叶两两对生，暗绿至灰绿色，前端三角形。聚伞花序，小花粉红色；雌雄蕊红色，具芳香。花春季开放。

漂流岛
Crassula suzannae

漂流岛

别称苏姗乃。易群生。肉质叶绿色，光滑，叶缘有凸起的浅色小疣突。

梦椿
Crassula pubescens

梦椿

植株群生。肉质叶深紫红色，布满白色茸毛。

梦殿
Crassula cornuta

梦殿

有分枝。肉质叶交互对生，叶色灰白，长三角形，背面有圆滑的龙骨状凸起，先端尖锐。近似种有"银角大王"，其株型小而紧凑，肉质叶短而宽。

银角大王

托尼
Crassula alstoni

托尼

肉质叶交互对生，叶色灰白，表面有类似绒布般的纹理，先端圆钝。

丽人
Crassula columnaris

丽人

肉质叶环状对生，排列紧凑，使得植株呈钝角棱柱形，叶色墨绿，在阳光充足的环境中呈红褐色，叶面有暗点。伞状花序簇生，花朵黄色，花有芳香。近似种有'神丽'（*C.* 'Shinrei'）。

'神丽'

月光
Crassula barbata

月光

肉质叶绿色，交互对生，排成近似莲座状的株型；叶表光滑，叶缘有白色刺毛，其晶莹洁白，如同玻璃丝。开花时叶盘向上延伸，伸出花序，花后通常植株死亡，但老株旁边会萌发小芽。

绿塔
Crassula pyramidalis

绿塔

有分枝。肉质叶排列紧密，使植株呈塔形。近似种有'达摩绿塔''大型绿塔'等。

绿塔的花

'达摩绿塔'

月晕
Crassula tomentosa

月晕

绿色肉质叶对生，叶面有细小的茸毛，叶缘有较长的茸毛。花白粉色。

方塔
Crassula kimnachii

方塔

白绿色肉质叶排列紧密，形成塔形，叶面粗糙，有颗粒感。花白色，簇生。

寿无限
Crassula marchandii

寿无限

绿色叶紧密排列交互对生，叶面光滑，在弱光下叶色嫩绿色，而在昼夜温差大或强光照叶片会呈现绿褐色至咖啡色。花乳白色，花瓣五角形。

玉椿
Crassula barklyi

玉椿

植株易群生。肉质叶层层叠叠，排列紧密，颜色灰绿，有细小的暗点。花簇生，白色，有芳香。

玉椿的花

绒塔
Crassula columnella

绒塔

植株群生，呈塔形。肉质叶密布茸毛。

钱串景天
Crassula marnieriana

钱串景天

别称串钱景天、星乙女。植株丛生，具分枝。肉质叶灰绿至浅绿色，叶缘稍具红色，叶片卵圆状三角形，无叶柄，其基部连在一齐。其近似种、变种有舞乙女、半球星乙女，以及小米星、彩色蜡笔、十字星、钱串锦、迷你钱串、绿帆、爱心等。

钱串景天的花　　小米星

绿帆　　彩色蜡笔

植株具短茎。肉质叶半圆形，交互对生，上下叠接呈十字形排列；叶色灰绿至绿色，叶表密生细小的白色疣突。聚伞花序，小花白色。其斑锦品种为'巴锦'。

花椿
Crassula 'Emerald'

花椿

'巴锦'

别称花梓。植株非常容易群生。肉质叶翠绿色，有白色细茸毛。花白色。

星王子
Crassula conjuncta

'星王子锦'

巴
Crassula hemisphaerica

巴

钱串景天的一个亚种。植株多直立生长。叶稍大，质薄，叶缘呈红色。其斑锦变异品种'星王子锦'。

星公主
Crassula remota

星公主

植株有分枝，呈灌木状，肉质叶灰绿色。花粉白色，花蕊粉红色。其近似种'自由女神'，肉质叶三角形，灰白色，叶缘及上部呈鲜红色。

'自由女神'

绒针
Crassula mesembryanthoides

绒针

别称银剑。植株丛生，肉质叶绿色，在阳光充足的环境中呈红褐色，叶上布满灰白色茸毛。其亚种银狐之尾（*C. mesembryanthoides* ssp. *hispida*）也称长叶银剑、长叶绒针，肉质叶较长，布满半透明的茸毛。

银狐之尾

火星兔子
Crassula ausensis ssp. *titanopsis*

火星兔子

植株群生。肉质叶呈莲座状排列，叶色灰绿，如果光照强烈则为绿褐色或红褐色，叶表有凸起的白色疣突，叶尖为红褐色，冷凉季节在阳光充足的环境中尤其明显。小花白色，花瓣稍向下卷。其近似种有'原始兔子'等。

火星兔子的花

'原始兔子'

色深绿，有光泽，冷凉季节在阳光充足、昼夜温差较大的环境中叶缘呈红色。小花红色或粉白色。

变种姬花月（*C. obliqua* 'Minima'，异名 *C. compacta*）别名姬红花月，国外称"侏儒玉树"。叶片小而圆；老叶绿色，新叶黄绿色，叶缘呈红色或红褐色，在温差大、阳光充足的环境中整个叶子都呈红褐色。

姬花月

强光下的姬花月

小天狗
Crassula nudicaulis var. *herrei*

小天狗

植株丛生。肉质叶棒状，上面平，叶缘及叶端呈红褐色，在阳光充足、昼夜温差大的环境中尤其显著。

筒叶花月

筒叶花月（咕噜）

花月
Crassula obliqua，异名 *C. portulacea*

花月

植株多分枝，呈灌木状，粗壮的肉质茎灰白色或浅褐色。肉质叶交互对生，匙形至倒卵形，顶端圆钝；叶

别称马蹄角、马蹄红，俗称"吸财树"，国外称"Living Coral"（活着的珊瑚礁）；为花月的变种。叶密集簇生于枝顶；肉质叶圆筒形，顶端截形，椭圆形，倾斜；叶色碧绿有光泽，顶端的截面在冷凉季节呈红色。斑锦变异品种'筒叶花月锦'，叶上有黄色斑纹。

筒叶花月有以下三种类型：咕噜型（*C. obliqua* 'Gollum'），这是国内最为常见的类型。铲叶型（*C. obliqua* 'Hobbit'），别名霍比特人，叶较大，顶端不弯曲卷合，形似铲子，在温差大、光照强烈的环境中呈金黄色。玉指型（*C. obliqua* 'Skinny Fingers'），别名纤纤手指、纤纤玉指，肉质叶下粗上细，如纤纤手指。

玉指花月

铲叶花月

筒叶花月锦
（咕噜锦）

黄金花月

Crassula obliqua 'Hummel's Sunset'，异名 *C.obliqua* cv. *ohgonkagetsu*，*C. obliqua* cv. *sunset*

黄金花月

别称花月锦，花月的斑锦变异品种。茎干红褐色。叶片较圆，其叶色根据环境的不同而变化：在阳光充足、昼夜温差较大、控制浇水的条件下，新叶呈金黄色，叶缘为红色；在大肥大水的条件下，叶面上的黄色斑纹减退，叶缘红色，并有暗红色晕斑；而在光照不足的环境中则为绿色，叶缘的红色也会消退。

冷凉环境中的黄金花月

燕子掌

Crassula ovata，异名 *C. argentea*

燕子掌

别称玉树。很容易与花月弄混，在一些地区与花月都有翡翠木、景天树、玻璃翠等别名。与花月相比，其叶片较大而长，顶端有尖，花白色或略带粉色。

也有人认为玉树和燕子掌是两种植物，区别是燕子掌叶缘和叶尖有红色边线，而玉树的叶为纯绿色。还有人认为，花月、燕子掌、玉树是一种植物在不同环境中表现出的不同特征，总之，这是一个争议比较大的物种。

玉树

落日之雁

Crassula ovata variegata

落日之雁

别称三色花月殿，燕子掌的斑锦变异品种。叶肉质对生，长卵形，稍

内弯；新叶黄色斑纹，有时甚至整片叶子都呈黄色，叶缘红色；随着植株的生长，叶片上的斑锦逐渐退去，变成绿色，一株（甚至一片叶）上有黄、绿、红三种颜色，斑斓多彩，确实很像在夕阳下飞翔的鸟，"落日之雁"之名也因此而得。

近似种'新花月锦'，与'落日之雁'较难区分，或许是一种植物在不同环境中的个体差异。一般认为，'新花月锦'的锦呈条状，而落日之雁的锦呈块状；其生长速度比落日之雁要快。但这种说法并不是很准确，据观察，在一些生长多年的落日之雁老树上，往往既有呈条状的锦，又有呈块状的锦。

三色花月（*C. ovata* 'Tricolor'）亦为落日之雁的近似种，叶片绿色，有奶油白或淡黄色及粉红色的斑块。

新花月锦　　三色花月

落日之雁老桩

茜之塔
Crassula corymbulosa

茜之塔

植株丛生，直立或匍匐生长。肉质叶三角形或心形，排列紧密，使植株呈上小下大的塔形；叶绿色，在阳光充足的环境中呈红褐色。斑锦变异品种'茜之塔锦'，新叶呈粉红色。

蓝鸟
Crassula arborescens subsp.
arborescens

蓝鸟

别称蓝鸟花月。植株呈灌木状。肉质叶卵圆形，蓝灰色，被有白粉，叶面分布有深色透明的小点，叶缘有明显的红色。近似种银圆树，叶片小而圆，也有文献认为这是蓝鸟因环境的不同而产生的形态差异。亚种知更鸟（*C. arborescens* subsp.

undulatifolia）也称卷叶蓝鸟花月、波叶蓝鸟，其肉质叶呈波浪状扭曲。

银圆树　　　　　　知更鸟

筒叶菊
Crassula tetragona

筒叶菊

别称桃源乡。丛生亚灌木状，老枝灰色。肉质叶筒状，顶端尖，绿色。

火祭
Crassula capitella

阳光充足环境
中的火祭

别称秋火莲。植株群生。肉质叶交互对生，叶片长椭圆形，在阳光充足、冷凉的环境中呈红色，光照不足则为绿色。其斑锦变异品种'火祭之光'（也称白斑火祭、火祭锦），叶色浅绿，叶缘有白色斑纹，经阳光暴晒后呈粉红色。聚伞花序，小花黄白色。近似种赤鬼城（*C. fusca*），肉质叶狭而厚，表面粗糙，暴晒后呈紫红色。此外，还有以火祭为父本、赤鬼城为母本的杂交种'红叶祭'。

　　原产南非，春秋型种，可用扦插或分株繁殖。

阳光不足环境中的火祭

红叶祭

吕千绘
Crassula 'Morgan's Beauty'

吕千绘

　　肉质叶宽厚，灰绿色，有细小的疣状突起。伞形花序，小花红色。

　　冬型种，可用扦插或播种繁殖。

蔓巴
Crassula orbicularis

蔓巴

　　植株具走茎，易群生。肉质叶倒披针形至狭椭圆形或倒卵形，先端急尖，叶缘及前部呈粉红色乃至红色。

银富鳞
Crassula nemorosa

银富鳞

　　块茎球形。叶扁平，宽卵形至球形，先端尖，灰绿色。

克拉夫
Crassula clavata

克拉夫

植株易群生。叶片倒卵形，正面平整或略凸，背面呈圆弧形，绿色，

易变红。近似种薄叶克拉夫（也称紫蝶），其叶薄而扁平。

奇峰锦属（*Tylecodon*）　该属植物不少种类都有粗大的块根或块茎，肉质叶较大或细棒状，螺旋排列。原产南非，冬型种，夏季有明显的休眠期。用播种或扦插繁殖。

阿房宫
Tylecodon paniculatus

阿房宫

具粗大的肉质茎，其基部膨大；有分枝，分枝上具形状不一的膨大节状物，木栓质表皮易剥落。肉质叶多数，簇生于分枝顶端，绿色至黄绿色，休眠期叶子脱落。

株高 30~60 厘米，具肥大的肉质茎。叶棍棒状，先端渐尖或钝。总状花序，小花淡黄色至黄绿色。

万物相
Tylecodon reticulatus

万物相

具肥硕的肉质茎。叶细棒状，螺旋状排列。

白象
Tylecodon pearsonii

白象

大叶奇峰锦
Tylecodon singularis

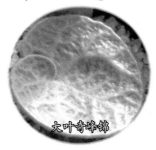
大叶奇峰锦

肉质茎能长到4厘米或更高。叶片很大很圆。花绿色，筒状。

夜叉姬
Tylecodon toruosum

夜叉姬

在日本称为"沙夜叉姬"。植株多分枝，肉质叶绿色，夏季休眠时其叶干枯，但仍会残留在茎枝上而不脱落。

银波锦属（*Cotyledon*） 该属植物分布于南非、西南非洲及阿拉伯半岛，呈多分枝的半灌木状。叶

银波锦
Cotyledon undulata

银波锦

佛垢里
Tylecodon buchholzianus

佛垢里

植株多分枝，呈小灌木状。茎干灰绿色，有叶片脱落留下的黑色疤痕。肉质叶棒状，绿色，顶端尖。

佛垢里（休眠期）

对生，或被蜡，或被白粉，某些种类叶缘有红色或红褐色线条。花钟状，有红、黄、橘黄等颜色。

植株呈灌木状，有分枝。叶对生，倒卵形，边缘波浪状，叶面被有浓厚的白粉。聚伞状圆锥花序，小花管状下垂，橙黄色，先端红色。有园艺种'银冠''红缘银波锦'以及斑锦（'旭波之光'）、缀化等变异品种。

冬型种，用扦插繁殖。

‘旭波之光’ ‘银冠’

‘银波锦缀化’

黄熊 白熊

熊童子的花 ‘猫爪’

熊童子

Cotyledon ladismithiensis，异名 *C. tomentosa*

熊童子

植株多分枝，呈小灌木状。茎深褐色，肥厚的肉质叶交互对生；叶片卵形，叶表绿色，密生白色短毛，顶部叶缘有类似指甲的缺刻，在阳光充足、温差大的环境中，"指甲"呈红色或红褐色。斑锦种熊童子锦有"黄熊"和"白熊"之分。其近似种有'猫之爪'（'猫爪'）等。

冬型种，用扦插或播种繁殖。

福娘

Cotyledon orbiculata var. *dinteri*

福娘

别称丁氏轮回，为轮回（*C. orbiculata*）的变种。植株多分枝，呈矮灌木状。肉质叶近似棒状，灰绿色，被有白粉，有时叶缘和叶尖呈红褐色。其近似种及变种有达摩福娘（*C. pendens*）、乒乓福娘（*C. orbiculata*）、鹿角福娘（*C. orbiculata* 'Elk Horns'）、引火棍（*C. orbiculata* 'fire sticks'）以及精灵豆（*C. orbiculata* var. *dinteri*）等。斑锦变异品种有'福娘锦''乒乓福娘锦'等。

乒乓福娘

'福娘锦'

乒乓球福娘锦

达摩福娘

精灵豆

轮回

巧克力线
Cotyledon'Choco Line'

巧克力线

肉质叶椭圆形，叶缘波状，呈巧克力色。同属中像巧克力线这样叶缘呈红色的还有舞娘（别称喜娘、熊童花月）等。

舞娘

伽蓝菜属（*Monanthe*）　该属植物约200余种，大部分种类为当年生，也有少量种类为一二年生植物。叶轮生或交互对生，光滑或有毛，全缘或有缺刻；

马达加斯加岛上趣蝶莲与夹竹桃科棒槌树属的象牙宫共生

有些种类叶上易萌发不定芽，并自生为小的植株。顶生聚伞花序或圆锥花序。主要分布于热带非洲和马达加斯加，亚洲也有少量的分布。

月兔耳
Kalanchoe tomentosa

月兔耳

别称褐斑伽蓝。茎直立，植株多分枝。肉质叶生于分枝的顶端，长椭圆形，顶端尖，叶表布满白色茸毛，上部的缺刻处有深褐色或棕色斑。同属中变种及近似种有黑兔耳、黄金月兔耳、月兔耳锦、梅兔耳、毛兔耳、闪兔耳、福兔耳、星兔耳等"兔耳"系列植物。

春秋型种，用扦插繁殖。

月兔耳锦

黄金兔耳

泰迪熊

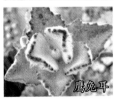
鹰兔耳

福兔耳

无星兔

千兔耳
Kalanchoe millotii

千兔耳

肉质叶对生，叶缘有锯齿状缺刻，并被有茸毛。

唐印
Kalanchoe tetraphylla

唐印

茎粗壮，有分枝。叶对生，倒卵形，全缘，先端钝圆；叶色淡绿或黄绿，被有浓厚的白粉，因此，看上去呈灰绿色；秋末至初春的冷凉季节，在阳光充足的条件下，叶缘呈红色，甚至整个叶片都变成红色。小花筒形，黄色。其斑锦品种为'唐印锦'。

'唐印锦'

棒叶落地生根
Kalanchoe tubifdia

棒叶落地生根

趣蝶莲
Kalanchoe synsepala

趣蝶莲

别称棒叶不死鸟、锦蝶。茎直立，粉褐色，叶棒状，上面有沟槽，具黑色和灰色条纹，叶端锯齿上着生由不定芽构成的小植株。聚伞花序，顶生，花钟状，橙红色。

近似种大叶落地生根（*K. daigremontiana*），也称宽叶不死鸟，肉质叶较大，呈长三角形或披针状椭圆形，叶色深绿或灰绿，叶缘有钝锯齿，锯齿间易生不定芽。

原产马达加斯加岛。喜阳光，极耐干旱，其不定芽落地即能生根成活，成为新株。

别称双飞蝴蝶、趣情莲。肉质叶对生，卵形，灰绿色，具短柄，叶缘红色，有锯齿状缺刻，在冷凉季节、阳光充足的环境中，甚至整个叶片都呈红色。当植株长到一定大小时，会从叶腋处抽生细长的匍匐茎（走茎），其顶端着生不定芽。花茎细长，小花铃形，黄绿色。

原产马达加斯加岛。春秋型种，叶插或剪取匍匐茎顶端的不定芽扦插繁殖。

大叶落地生根

长寿花
Kalanchoe blossfeldiana

长寿花

别称矮生伽蓝菜、圣诞长寿花、圣诞伽蓝。植株具分枝。单叶对生，椭圆形，上部叶缘有钝锯齿，下部则全缘。圆锥状聚伞花序，花朵单瓣或重瓣，色彩丰富，有白、黄、橙红、橙黄、红、粉等颜色，在适宜的环境中一年四季都可开花。其近似种有大宫灯长寿花（*K. porphyrocalyx*）、小宫灯长寿花（*K. manginii*）等。

大宫灯长寿花

原产马达加斯加岛。春秋型种，常用扦插或组培繁殖，播种多用于新品种的选育。

玉吊钟
Kalanchoe fedtschenkoi

玉吊钟

别称洋吊钟、蝴蝶之舞。肉质叶卵形至长圆形，叶缘有齿，蓝绿色至灰绿色，有白、粉、黄、红等颜色的斑纹。松散的聚伞花序，小花红或橙红色。

原产马达加斯加岛。春秋型种，繁殖以扦插为主。

扇雀
Kalanchoe rhombopilosa

雀扇

别称姬宫、雀扇。肉质叶对生，扇形，灰白色，有类似麻雀羽毛的褐色斑纹，叶缘呈不规则波浪状；圆锥花序，小花筒状，黄绿色，有红色中肋。其亚种黑雀扇（*K. rhombopilosa ssp. viridifolia*），也称褐雀扇，叶灰褐色至绿褐色、黑褐色，无斑纹，叶缘有白边。另一亚种白雀扇叶色纯白，无任何斑点。

原产马达加斯加岛，春秋型种，用扦插繁殖。

黑雀扇

风车草属（*Graptopetalum*） 该属植物产于墨西哥，形态与拟石莲属很接近。叶为延长的莲座状，花为星状，花瓣被蜡。全属有 30~40 个原始种。

美丽莲
Graptopetalum bellum

美丽莲

肉质叶呈莲座状排列，灰绿至灰褐色，卵形，顶端有小尖。花星状，5 瓣，深粉红色。有文献将其划归美丽莲属，学名 *Tacitus bellus*。

春秋型种，用扦插或播种繁殖。

姬胧月
Graptopetalum paraguayense 'Bronze'

姬胧月

肉质叶排成延长的莲座状，日照充足时呈红褐色。小花星状，黄色。近似种胧月（*G. paraguayense*）别称宝石花、粉叶石莲花、粉瓦莲，肉质叶蓝灰色，阳光充足时略带粉色。

胧月

姬秋丽
Graptopetalum 'Mirinae'

姬秋丽

植株丛生。肉质叶饱满圆润，倒卵形，在阳光充足、昼夜温差大的环境中，呈淡粉的奶油色，在光照不足、潮湿的环境中则为灰绿色。其变异种有'丸叶姬秋丽''姬秋丽锦'等。

习性强健，可用扦插繁殖。

'姬秋丽锦'

桃之卵
Graptopetalum amethystinum

桃之卵

俗称"桃蛋"。茎直立或半匍匐生长，肉质叶卵形至球形，先端平滑无小尖，叶色淡灰绿中带有玫瑰红色，被有白粉。花箭扭曲呈之字形，花星状，黄白色花瓣，先端红色。其近似种有'奶酪'等。

'奶酪'

艾伦
Graptopetalum sp. 'Ellen'

艾伦

肉质叶卵形，扁圆状，顶端微尖。星状小花白色。

银星
× *Graptoveria* 'Silver Star'

银星锦

杂交种。肉质叶莲座状排列，叶灰绿色，顶端具褐色"须"。有斑锦、缀化等变异。

'银星缀化'

葡萄
× *Graptoveria* 'Amethorum'

葡萄

别称紫葡萄、红葡萄，由风车草属的桃之卵与拟石莲属的大和锦杂交而成，易群生。肉质叶短匙形，肥厚，呈莲座状排列，浅灰绿至浅色，表面光滑，具蜡质层，叶缘容易晒红。有小型种'姬葡萄'以及缀化、斑锦等变异品种。

白牡丹
× *Graptoveria* 'Titubans'

白牡丹

由风车草属的胧月（*Graptopetalum paraguayensis*）与拟石莲花属的静夜（*Echeveria derenbergii*）杂交而成。植株多分枝。肉质叶排成莲座状，叶色灰白至灰绿，有淡粉。其斑锦变异品种为'白牡丹锦'。

春秋型种，夏季休眠不是很明显，以叶插繁殖为主。

'白牡丹锦'

厚叶草属（*Pachyphytum*） 该属植物的肉质叶互生，排成延长的莲座状，蝎尾状聚伞花序，小花钟状，红色。全属约 10 个原始种，产于墨西哥，有着大量的园艺种和杂交种，甚至还能跨属杂交。而且不少种类是以"美人"命名，像东美人、青美人、青星美人、京美人等。

桃美人
Pachyphytum 'Blue Haze'

桃美人

桃美人锦

形态与桃之卵近似，但花器则有很大差异。其花箭曲线顺畅，花排列成麦穗状，花冠钟状，红色。此外，桃美人的叶色没有桃之卵那么艳，形状也没那么圆润，而且稍大，先端有个小尖。

近似种青美人（*P. oviferum*）也称厚叶草、白美人，肉质叶白色或淡蓝绿色。此外，在厚叶草属中还有京美人、醉美人、月美人、青星美人、鸡蛋美人等一系列以"美人"命名的植物。

春秋型种，用扦插繁殖。

三日月美人
Pchyphytum oviferum 'mikadukibijin'

三日月美人

有着粗壮的老桩。肉质叶扁平，绿色，有透明感，略具白粉，在阳光充足的环境中上部呈玫瑰红色，先端具有明显的小尖。其斑锦变异品种有'三日月美人锦'等。

千代田之松
Pachyphytum compactum

千代田之松

肉质叶互生，呈略扁的圆柱形，先端部分略有棱，叶色淡绿至灰白，稍被白粉。小花红色。其缀化变异品种为'千代田之松缀化'。

美杏锦

美杏锦

厚叶草属植物，园艺种。肉质叶卵形，肥厚，呈粉嫩的淡青色，两边有淡粉色或淡黄色斑纹。

'千代田之松缀化'

仙女杯属（*Dudleya*）　又称粉叶草属。全部产于北美洲西南部沿海及其岛屿、海岸山脉和沙漠，有着呈莲座状排列的肉质叶，叶绿色至灰绿色，大部分种类被有浓厚的白粉，有些种类老叶呈红色。花序有分枝，花朵星状，以黄色为主。

仙女杯
Dudleya brittonii

具短茎。肉质叶组成硕大的莲座状，叶色灰绿至白绿，被有浓厚的白粉，正面微凹，先端尖锐。花淡黄色。

雪山仙女杯
Dudleya pulverulenta

具粗壮的短茎，叶三角形，顶端尖，绿色（有时呈微蓝色），被有浓厚的白色。

白菊
Dudleya greenei

具粗壮的矮茎，有分枝，易丛生。肉质叶生于茎的顶端，呈密集的莲座形排列，叶片三角锥形，顶端尖，被有白粉。

冬型种，用扦插或播种繁殖。

初霜
Dudleya farinosa

别称红叶仙女杯。具短茎，易群生。肉质叶绿色，具浓厚的白粉，在控水、温差大、全日照的环境中外围叶呈鲜艳的红色。

魔南景天属（*Monanthe*） 该属植物约25种，全产于加那利群岛和马德拉群岛。不大的肉质叶排列紧密，莲座状或卵圆球状株型，翠绿色。花序多毛。

瑞典魔南
Monanthes polyphylla

瑞典魔南

别称多叶魔南、重楼魔南。植株易丛生。莲座状叶盘呈球状，翠绿色。

冬型种，夏季具有深度休眠，可用分株或扦插、播种繁殖。

壁生魔南
Monanthes muralis

壁生魔南

植株丛生。肉质叶呈莲座状排列，叶面布满毛刺状小颗粒，犹如裹上了一层砂糖。在冷凉季节，温差大的环境中叶面呈紫色。

新魔南
Monanthes minima

新魔南

别称树魔南。植株有分枝，呈矮小的灌木状。叶面有细小的疣突，有着磨砂般的粗糙感。

天锦章属（*Adromischus*）　该属多肉植物也称"水泡"。约有50个原始种以及大量的园艺种、杂交种。植株矮小，呈草本或灌木状，茎上长有气生根。叶的肉质化程度较高，叶表有斑纹或密集的疣突。

库珀天锦章
Adromischus cooperi

库珀天锦章

'蝴蝶御所锦'

具灰褐色短茎。肉质叶圆筒形，上部稍扁平，略有波浪状皱褶，叶色灰绿，有紫褐色斑点。

海豹水泡
Adromischus cooperi 'Silver tube'

海豹水泡

御所锦
Adromischus maculatus

御所锦

为库珀天锦章的产地变种。其叶大而圆润，形似海豹。有'白肌海豹''紫海豹''猫耳海豹'等类型。

别称褐斑天锦章。植株矮小，具褐色短茎。肉质叶互生，圆形或倒卵形，较为平扁，叶缘角质，叶绿色有红褐色或暗紫色斑点。花钟形，花瓣上白下紫。园艺种有'紫御所''蝴蝶御所锦'等。

'紫海豹'

松虫
Adromischus hemisphaericus

松虫

别称金钱章、小雀。植株多分枝，呈灌木状。叶肉质，绿色，有褐色斑点。'松虫锦'为其斑锦变异种。

'松虫锦'

鼓槌水泡
Adromischus cristatus var. *schonlandii*

鼓槌水泡

别称企鹅水泡。肥厚的肉质叶近似卵形，顶端稍有尖，叶面具细小的

疣突。叶绿色，在强光、温差大或低温的环境中，呈红褐色至咖啡色。

雪御所
Adromischus leucophyllus

雪御所

肉质叶互生，呈螺旋状排列，肥厚的叶呈圆匙形，翠绿色至浅绿色，被有浓厚的白粉。

神想曲
Adromischus poellnitzianus

神想曲

茎上生有浓密的棕色气生根。叶绿色，先端圆钝，呈波浪状。近似种有天章等。

阿氏天锦章
Adromischus alstonii

阿氏天锦章

'丸叶朱唇石'   '丸叶翠绿石'

'绿皮'   水蜜桃

植株多分枝，呈灌木状，茎、叶均为肉质，叶暗绿色，有褐色斑点。

朱唇石
Adromischus herrei

朱唇石

'朱紫玉'

红皱边水泡
Adromischus schuldtianus 'Klein Karas'

红皱边水泡

植株丛生，有分枝，会形成老桩。叶肉质，两头尖，呈纺锤形，表面粗糙，布满疣突，在阳光充足时新叶为红色。其近似种和园艺种很多，有'翠绿石''丸叶翠绿石''朱紫玉''大疣朱紫玉''太平乐''苦瓜''绿皮'等，其共同点是叶面粗糙，具疣突，但叶的颜色和大小、形状有所区别。

植株呈矮灌木状，肉质叶灰白色，叶缘有美丽的红色皱边。近似种有黄皱边水泡等。

玛丽安水泡
Adromischus marianae

玛丽安

植株有分枝，呈矮灌木状。肉质叶梭形，先端尖，并有凹陷，叶面粗糙，灰绿色，有紫褐色斑点。其有园艺种丰富，有'血红玛丽安''白银玛丽安''红斑玛丽安''棱叶（包括白肌棱叶、绿肌棱叶、黑肌棱叶）玛丽安''花衣'等。

黑肌棱叶玛丽安

白肌棱叶玛丽安

马丁
Adromischus marianiae 'bryan makin'

'马丁水泡'

植株直立生长，具较粗的茎。肉质叶基部狭窄，先端扁平，叶面凹凸不平，灰白色，密布紫褐色斑点。变异种有'白马丁'等。

红蛋
Adromischus marianiae 'hallii'

红蛋

园艺种。具矮茎。肉质叶扁豆形，表面粗糙，紫红色。园艺种有'白肌红蛋'等。近似种'花蛋'，肉质叶灰白色，有紫褐色斑点；'赤之太古'，叶背圆凸，叶面平展，叶色暗绿，有紫褐色斑点。此外，还有'皱边红蛋'（俗称假红蛋）、'马蛋'（为马丁与红蛋的杂交种）、'粉蛋'等品种。

'花蛋'

'赤之太古'

'白肌红蛋'

'皱边红蛋'

'粉蛋'

银之卵
Adromischus marianiae 'Alveolatus'

银之卵

梅花鹿
Adromischus marianiae 'Meihualu'

梅花鹿

　　原产南非的卡鲁高原。肥厚的肉质叶卵形，对生，从顶端到基部有明显的凹陷，叶面粗糙，有细小的疣突，叶色灰绿或灰白、银白。其自然变种小辣椒水泡，叶端尖，呈红绿色，在温差大、强阳光的环境中为紫红色。近似种有哈密瓜水泡等。

　　成年植株匍匐生长，肥厚的肉质叶长卵形，先端尖，灰绿色至黄绿色，有暗红色斑点。近似种有赤水玉、花鹿水泡等。

小辣椒水泡

赤水玉

哈密瓜水泡

赤兔
Adromischus trigynus

赤兔

别称花叶扁天章、扁天章。肉质叶灰白色，有鲜红色的斑点，在阳光充足的环境中尤为鲜艳。

太阳蛋糕
Adromischus caryophyllaceus

太阳蛋糕

别称小叶天章。植株多分枝，呈灌木状。叶绿色，边缘呈紫红色，类似太阳的光芒。同属中尚有'草莓蛋糕''枣泥蛋糕''花生蛋糕''翡翠蛋糕'等以"蛋糕"命名的水泡品种。

京鹿童子
Lenophyllum guttatum

京鹿童子

别称京鹿之子，纱罗属植物（也称深莲属）。植株丛生，易分枝。肉质叶对生，扁梭形，表面灰色，有紫褐色斑点。聚伞花序顶生，小花5瓣，黄色，边缘有红线。

分布墨西哥和美国的得克萨斯州，有得州景天（*L. texanum*）、黑妞（*L. reflexum*）、尖叶纱罗（*L. acutifolium*）、莫兰（*L. latum*）等7个种。

冬型种，可用播种或扦插（包括叶插）繁殖。

京鹿童子锦

黑妞

龙树科 Didiereaceae

　　龙树科也叫刺戟科。植株呈灌木或乔木状，茎干内可贮存大量的水分，叶子和刺一起长出，叶在旱季脱落。花单性，雌雄异株。有亚龙木属（*Alluaudia*）、龙树属（*Didierea*，也称龙木属）、弯曲龙属（*Decaria*）、菲赫龙属（*Alluaudiopsis*）等 4 属 11 种，其中的 *Didierea* sp. nov 为近年发现的新种（待命名），均产于马达加斯加岛的南部。此外，还有一些变异品种，像'亚龙木缀化'（*A. procera* 'crested'）等。龙树科植物与仙人掌科植物亲缘很近，有些甚至可以直接嫁接到某些种类的仙人掌上。

　　龙树科植物为夏型种，可用播种或扦插繁殖。

马达加斯加岛上的野生龙树

魔针地狱

亚龙木
Alluaudia procera

亚龙木

'亚森丹斯树缀化'

别称大苍炎龙，亚龙木属植物。茎干灰白色，分枝较少，刺细，圆锥形。叶肉质，长卵形，先端微凹，常成对生长。

亚森丹斯树
Alluaudia ascendens

亚森丹斯树

亚龙木属植物。树干白色至灰白色，具细锥状刺，叶长卵形至心形，常成对生长。有缀化变异品种'亚森丹斯树缀化'。

姬二叶金棒
Alluaudia comosa

姬二叶金棒树

亚龙木属植物。植株呈乔木状，茎干表皮灰色或褐色，叶卵圆形，刺长而稀疏。

姬二叶金棒树的叶

龙树属植物。叶细长条形，浑身长满尖锐的刺。

阿修罗城
Didierea trollii

阿修罗城

亚蜡木
Alluaudia humbertii

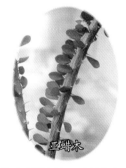

亚蜡木

亚龙木属植物，刺较小，刺及叶排列稀疏。

龙树属植物。表皮褐色，刺银白色，4枚一组，十字放射生长。叶雀舌形，5枚簇生于刺中央。

弯曲龙
Decarya madagascariensis

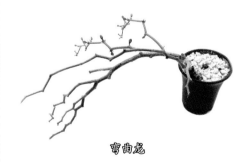

弯曲龙

马达加斯加龙树
Didierea madagascariensis

马达加斯加龙树

弯曲龙属植物。老枝灰褐色，新枝绿色，曲折，呈之字形生长；刺短，单生或2枚一组。叶不大，早脱落。

薯蓣科　Dioscoreaceae

全科 10 属约 650 种，多肉植物主要是薯蓣属的龟甲龙。

薯蓣属（*Dioscorea*）　别称龟甲龙属，为缠绕藤本植物，约有 600 个物种。其中被称为龟甲龙的有 10~20 种，是茎干状多肉植物的典型代表。多为雌雄异株，具肥大的茎基。按习性的不同，可分为以龟甲龙及南非龟甲龙（*D. rupicola*）等为代表的冬型种龟甲龙，以墨西哥龟甲龙及扁平龟（*D. sylvatica*）等为代表的夏型种龟甲龙。其他还有半圆龟（*D. hemicrypta*）及 *D.dregeana*、*D. basiclavicaulis*、*D. buchananii*、*D. cotinifolia*、*D. mundtii* 等。休眠期枝叶干枯，应控制浇水，甚至可以完全断水。生长期给予充足的阳光，保持土壤湿润，但不积水。一般用播种繁殖。

除龟甲龙外，该属还有山药（*D. batatas*，分类学通用名薯蓣）、黄独（*D. bulbifera*）等食用、药用植物，这些植物叶腋间常生有肾形或卵形珠芽，谓之"零余子"（俗称"山药豆、山药籽"）。

扁平龟的叶子

龟甲龙的花

龟甲龙的木栓层

龟甲龙的果实

龟甲龙
Dioscorea elephantipes

龟甲龙

别称龟蔓草，俗称"南非龟甲龙"。具半圆球形茎干，最大直径可达 1 米，其表面有很厚的、龟裂成瘤块状的木栓质树皮。茎干顶部簇生细而长、缠绕生长的蔓生茎。叶互生，心形或肾形，绿色，具叶脉 5~7 条。总状花序，小花黄绿色。种子羽状翼很宽。

龟甲龙表皮龟裂程度虽与种类有关，但同一种类的个体之间也存在着很大的差异，在选择时应选那些瘤块较深的植株。同属中被称为南非龟甲龙的还有 *D. rupicola*。

原产南非及非洲南部，冬型种。

墨西哥龟甲龙
Dioscorea macrostachya，异名 *D. mexicana*

墨西哥龟甲龙

别称墨西哥薯蓣。表面的木栓质皮有较为平缓的龟甲状裂纹，表皮灰白色或灰褐色。叶肾形，长 8~12 厘米，宽 5 厘米左右，先端细长而尖锐，具 7~9 条叶脉。

原产墨西哥、巴拿马、萨尔瓦多等国家。

龟甲龙的块根

墨西哥龟甲龙

大戟科 Euphorbiaceae

大戟科植物的一个重要特征就是大部分种类体内含有毒的白色乳状浆液，全科约有300属，8000余种。该科的多肉植物集中在大戟属、麻风树属、翡翠塔属、白雀珊瑚和叶下珠属等几个属。

大戟科多肉植物均为夏型种，可用播种或扦插、嫁接繁殖。

大戟属（Euphorbia） 该属多肉植物具肉质化很高的茎，其形态有圆球形、圆柱形、棱柱形、圆筒形、茎干状、蔓生状、细长形以及不规则形等。有些种类茎表还有美丽的花纹，表皮破后，伤口有白色乳汁状浆液流出；部分种类有类似仙人掌科植物某些品种的棱与疣突；有些种类细小的叶子早脱，给人的印象是植株始终无叶，但也有些种类具有肥硕的叶子。花序的总苞片较大，像虎刺梅的苞片大而鲜艳，常作为观花植物栽培。

皱叶麒麟
Euphorbia decaryi

皱叶麒麟

具肥硕的肉质根。叶生于肉质茎顶端，长椭圆形，全缘，具褶皱。杯状聚伞花序，小花绿褐色。皱叶麒麟有数个变种，其中的 *E. decaryi* var. *guillaumin* 茎干粗壮，具棱。叶色灰绿。

地下有匍匐茎，但无粗壮的肉质根。

皱叶麒麟原产马达加斯加岛，在该岛还生长着一些与皱叶麒麟形态近似的多肉植物，其特征是植株矮小，大部分茎和块根被埋在土下，只有生长点露出，但经常被落叶覆盖。它们隶属于大戟科大戟属的 *Lancanthus* 亚

E.decaryi var. *guillaumin*

属（国内爱好者通常称之为"皱叶麒麟"，这就是广义上的皱叶麒麟），均为濒危野生动植物种国际贸易公约（CITES）保护植物，因此不得从事这些植物的原生种交易。

夏型种，可用播种或扦插繁殖。

瓦莲大戟
Euphorbia waringiae

瓦莲大戟

叶细长，呈条状形。实生的植株具近似球状块根，而扦插的植株只有粗壮的肉质根。

安博沃大戟
Euphorbia ambovombensis

安博沃大戟

别称安博翁贝大戟。播种繁殖的实生植株具近似球状的块根，茎枝肉质，灰白色。叶子生于茎的上部，叶

安博沃大戟的花

片稍肉质，叶缘向上翻起呈波浪状，有褶皱。

图拉大戟
Euphorbia tulearensis

图拉大戟

无块根。植株多分枝，株型紧凑，成株近似圆球状。叶缘有皱褶。其园艺优选种'白肌图拉大戟'，肉质叶灰白色，小而厚实。

夏型种，扦插不易成活，多用播种或嫁接方法繁殖。

'白肌图拉大戟'

筒叶麒麟
Euphorbia cylindrifolia

筒叶麒麟

播种繁殖的实生株具球状块茎。叶片细长，叶缘向内卷，形成筒状，顶端尖。此外，还有一些园艺种和杂交种。

筒叶麒麟

彩叶麒麟
Euphorbia francoisii

原始种彩叶麒麟

具粗壮的肉质根，但无块根。园艺种十分丰富，就叶形而言有圆形、长条形、菱形等变化，甚至还有常春藤、枫叶、秋海棠等类型的叶子，有些品种的叶缘还类似皱叶麒麟的皱褶；叶色则有红、粉、白、浅绿、墨绿乃至接近黑色等多种颜色。一般来讲，在光照强烈、昼夜温差大环境中养护的植株，叶色较为鲜艳；而在光照不足的环境中，叶子往往呈绿色。

用播种嫁接或扦插（枝插和叶插）繁殖。

红叶系彩叶麒麟　红叶系彩叶麒麟
粉叶系彩叶麒麟　粉叶系彩叶麒麟
白叶系彩叶麒麟　白叶系彩叶麒麟
黑叶系彩叶麒麟　黑叶系彩叶麒麟

彩叶麒麟锦

'虎刺梅缀化'

虎刺梅×皱叶麒麟

虎刺梅锦

矢毒麒麟
Euphorbia virosa

矢毒麒麟

叶早脱落。茎肉质，棱缘有灰白色硅质物和刺。体内含有剧毒。

虎刺梅
Euphorbia milii

虎刺梅

　　别称铁海棠、老虎簕、麒麟花、花麒麟、麒麟刺。茎直立或稍具攀缘性，皮刺锥形坚硬，褐色。叶倒卵形至矩圆状匙形，生于嫩枝上。二歧聚伞花序生于枝条顶端，花序有长梗，苞片以鲜红色为主，兼有黄、白、粉、绿、复色等多种颜色，这是主要的观赏部位。园艺种有'大基督虎刺梅''小基督虎刺梅''塔城虎刺梅''紫红衣虎刺梅''小叶虎刺梅'等，缀化变异种有'虎刺梅缀化'，还有虎刺梅与皱叶麒麟的杂交种。

　　夏型种，用播种或扦插繁殖。

鱼鳞大戟
Euphorbia piscidermis

鱼鳞大戟

　　别称鱼鳞丸、鱼皮大戟，因肉质茎表皮呈类似鱼鳞的鳞片结构而得名。肉质茎初为球形或扁球形，以后逐渐长成圆柱形，表皮灰白色或灰绿色，呈鳞片状，层层覆叠，酷似鱼鳞。缀化变异品种为'鱼鳞大戟缀化'。

'鱼鳞大戟缀化'

螺旋麒麟
Euphorbia tortirama

螺旋麒麟

与旋风麒麟近似，肉质茎也呈螺旋状，但"旋"的程度不及旋风麒麟。

旋风麒麟
Euphorbia groenewaldii

旋风麒麟

螺旋麒麟的花

具肥大的肉质根茎，主茎多分枝，老株分枝匍匐生长。肉质茎蓝绿色，有暗淡的花纹，经日晒后略带紫晕。具3棱，呈螺旋状，棱缘强烈扭曲向上。有类似疣突的突起，每个疣突顶端有1对褐色尖刺。新生的分枝顶端有细小的叶片，但早脱落。

飞龙
Euphorbia stellata

'飞龙锦'

别称飞龙大戟、星状大戟。播种繁殖的实生植株具萝卜形根状茎（扦插繁殖的植株则为近似榕树根的根状茎），顶端长有数根扁平的片状肉质茎。其表皮深绿色，有人字形或八字形花纹，在阳光充足的环境中花纹尤为明显。边缘呈粗锯齿状，刺红褐色，生于茎的边缘。其斑锦变异品种有'飞龙锦'等。

播种繁殖的飞龙根　　扦插繁殖的飞龙根

飞龙的茎枝

怪奇岛
Euphorbia squarrosa

怪奇岛

与飞龙近似，具块根。茎枝棱柱形或柱形，绿色，有"八"字形排列的褐色刺。

铁甲球
Euphorbia bupleurifolia

铁甲球

别称苏铁大戟、铁甲丸。球状至长球状肉质茎单生，全株被有鳞片状铁褐色瘤突，瘤突先端有叶脱落的痕迹。在气候温暖的环境中茎顶端簇生绿色叶子，冬季天气变冷时，叶片脱落。

夏型种，用播种或扦插、分株繁殖。

白桦麒麟
Euphorbia mammillaris 'Variegata'

白桦麒麟

玉鳞凤的斑锦变异品种。植株丛生，有分枝，具低矮的柱状肉质茎；

表皮灰白色，犹如白桦树的皮。小叶不发育或早脱落，仅在茎顶端生长点附近才能看到。

布纹球缀化　‘布纹球锦’

布纹球
Euphorbia obesa

布纹球

别称晃玉、阿贝莎。植株球状或圆筒形，表面灰绿色，有红褐色纵横交错的条纹，顶部条纹较密。具阔棱8条，棱缘上有褐色小钝齿。大部分为雌雄异株，少量的为雌雄同株。生长多年的植株会在侧棱萌生仔球。其变异种有‘布纹球锦’‘布纹球缀化’‘布纹球石化’等，近似种有贵青玉（*E. meloformis*）、法利达（*E. valida*）、神玉（*E. symmetrica*）等。

神玉

法利达

裸萼大戟
Euphorbia gymnocalycioides

裸萼大戟

植株呈球形。表皮墨绿色，密布瘤状凸起。

夏型种，用播种或嫁接繁殖。

玉麟宝
Euphorbia globosa

玉麟宝

球状或短柱状肉质茎一段段连在一起，茎上有不规则的凹槽。小叶易脱落，在茎上留下叶痕。

银角珊瑚
Euphorbia stenoclada

原产地的银角珊瑚

别称银角麒麟。在原产地马达加斯加能长成大灌木或小乔木。肉质茎质硬，分枝多，深绿色。其斑锦品种'银角珊瑚锦'，植株上有白色花纹。

银角珊瑚　　'银角珊瑚锦'

亚迪大戟
Euphorbia abdelkuri

亚迪大戟

别称阿迪大戟。肉质茎多分枝，表皮灰白色，粗糙有着石膏般的质感。其斑锦变异种'亚迪大戟锦'，肉质茎呈粉红色，新茎颜色尤为艳丽。

'亚迪大戟锦'

魁伟玉
Euphorbia horrida

魁伟玉

别称恐针麒麟。植株具粗圆筒形肉质茎，有10条以上的突出棱，表皮绿色至灰绿色，披有白粉，刺生于棱缘上，红褐至深褐色，易脱落。小叶早脱落。变异种有植株呈白色的'白衣魁伟玉'以及斑锦品种'魁伟玉锦'。

'魁伟玉锦'

'白衣魁伟玉'

属中类似这样株型的还有金轮祭（*E. gorgonis*）、干氏大戟（*E. gamkensis*）以及 *E. brevirama*、*E.atroviridis* 等。

金轮祭

九头龙
Euphorbia inermis

九头龙

肉质茎圆球形，顶部生长着数根细长的棍棒状肉质枝条。有斑锦、缀化等变异品种。

瑟普莱莎大戟
Euphorbia suppressa

瑟普莱莎大戟

株型与九头龙近似。表皮墨绿色，密布三角形扁疣，花黄色。本

孔雀球
Euphorbia flanaganii

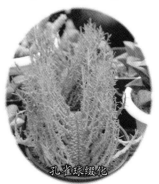
孔雀球缀化

别称千蛇木、孔雀姬、兰蛇丸、伏南大戟、章鱼麒麟。株型近似九头龙，但分枝细弱。其缀化有两种形式，一种是由球形肉质茎变异而成的，原先球形茎缀变成端正冠状体，而本来环生的细长柔枝呈两列对称丛生，叫

孔雀冠（*E.flanagnii* f. *cristata*）；另一种是由细枝缀变而成的，原先细棒状的肉质枝条缀变成扭曲薄片螺旋状，叫孔雀之舞（*E.flanagnii* f. *rameus*），这种的缀化状态不大稳定，容易萌生还原枝。

麒麟锦'（也称'花叶玉麒麟'），茎叶上有黄色斑纹；还有'无刺玉麒麟'，刺退化消失。

'玉麒麟锦'

'无刺玉麒麟'

霸王鞭的花

群生的孔雀球缀化

玉麒麟
Euphorbia neriifolia var. *cristata*

玉麒麟

　　别称麒麟角、麒麟掌，为霸王鞭的缀化变异品种。原种霸王鞭肉质茎呈棱柱形，上部多分枝。而本种的肉质茎变态呈鸡冠状或扁平扇形，叶生于其顶端及上部。斑锦变异品种有'玉

春峰
Euphorbia lactea f. *cristata* 'Albavariegata'

春峰

　　帝锦的缀化变异品种。肉质茎呈扇形展开，使植株扭曲呈鸡冠状，或螺旋呈漏斗形，或似奇石，而生长多年的老株则状如层峦叠翠的山峰。其表皮翠绿色，生长旺盛时生长点附近

呈暗红色或红褐色。

　　'春峰之辉'（'彩春峰'）为春峰的斑锦变异品种，表皮为灰白色，生长点附近呈暗红色或淡红色。有些类型表皮还有乳白、淡黄、咖啡、暗紫红色斑纹以及镶边、洒金等。

　　栽培中'春峰之辉'还会出现"返祖"现象，在扭曲生长的鸡冠状肉质茎上长出柱状肉质茎，其色泽也有乳白、浅黄、紫红、复色等多种颜色，其色彩斑斓，状若五彩珊瑚，奇特而靓丽。可将其剪下，另行扦插或嫁接，培养成新的植株。

'春峰之辉'　　　　　彩帝锦

植株多分枝，茎枝上绿色，有灰绿色花纹，刺顶端两叉。

金麒麟
Euphorbia franckiana f. cristata

金麒麟

　　别称帝国缀化，在一些地方也被称为"厚目"或"厚目麒麟"。为帝国的缀化变异品种，原种帝国肉质茎呈柱状，具 3~4 棱。缀化后生长点则横向生长，使肉质茎呈扇状，生长多年的植株肉质茎扭曲盘旋，酷似一座

鱼叉大戟
Euphorbia schizacantha

鱼叉大戟

'锦麒麟'

层峦叠翠的山峰，其表皮深绿色，刺黑褐色，生长旺盛时，生长点附近呈红褐色，小叶绿色，不甚显著，而且早脱落。有斑锦变异种'锦麒麟'以及无刺变异种'翡翠麒麟'等。

植株柱状，具棱，刺强大，灰色。叶簇生于肉质茎的上部，冬天的休眠季节脱落，但会留下疤痕。花红色至橙红色。

霍伍得大戟
Euphorbia horwoodi

霍武得大戟

别称霍伍迪大戟。播种繁殖的实生植株具球形肉质茎，其上有丛生的枝条，枝条亦为肉质，有灰绿色与褐绿色相间的花纹；而扦插繁殖的植株只有丛生的枝条。小花黄色。

喷火龙
Euphorbia viguieri

喷火龙

绿威麒麟
Euphorbia greenwayi

绿威麒麟

别称绿威大戟。肉质茎灰绿色，有花纹，棱脊突出，棱缘黑色，呈波浪状起伏，有黑色或褐色刺。

绿威麒麟的花

白角麒麟
Euphorbia resinifera

白角麒麟

植株丛生，肉质茎灰绿色，4棱，刺灰褐色，呈八字形排列。

'红彩云阁'

彩云阁
Euphorbia trigona

彩云阁

别称龙骨、龙骨柱、三角大戟。植株呈多分枝的灌木状，具短的主干，分枝轮生于主干周围，且垂直向上生长，干、茎具3~4棱，棱缘波状，突出处有坚硬的短齿，先端有红褐色刺对生，长卵圆形叶生于茎的上部。变异种 '红彩云阁'（E. trigona 'Rubra'），全株均呈红褐色（生长旺盛时略带深绿色）。

光棍树
Euphorbia tirucalli

'红叶光棍树'

别称绿珊瑚、青珊瑚。原产非洲东部的安哥拉等国家。小乔木，株高2~6米，直径10~25厘米。植株多分枝，茎枝肉质，幼时绿色，老时灰色或淡灰色。叶细小，互生，长圆状线形，常生于当年生的嫩枝上，很快脱落，给人的印象始终无叶，其名也因此而得。变异品种有'红叶光棍树'，近似种 E. plagiantha，其树皮光滑细腻，表皮有脱落现象。

光棍树　*Euphorbia plagiantha*

大戟阁锦
Euphorbia ammak f. variegata

大戟阁

　　大戟阁的斑锦变异种。植株呈乔木状，具短粗的主干及众多的分枝。肉质茎，有突出的棱脊，棱缘波浪状，刺灰褐色至灰白色，成对生于棱缘上；生长旺盛时顶端有披针形叶长出，但很早就脱落，全株具花白色或黄白色花纹。

膨珊瑚
Euphorbia oncoclada

膨珊瑚

　　植株呈多分枝的矮灌木状。茎枝肉质，很像幼年的光棍树。有缀化变异品种'膨珊瑚缀化'，肉质茎初为扁平扇状，以后逐渐扭曲呈鸡冠状。有时还会出现返祖现象，在扁平的肉质茎上还会长出柱状肉质茎。

'膨珊瑚缀化'

'大戟阁锦'

贝信麒麟
Euphorbia poissonii

贝信麒麟

植株多分枝，茎肉质。顶端有绿色长扇形叶子，下部则有叶子脱落留下的痕迹。

单刺麒麟
Euphorbia unispina

单刺麒麟

原产西非。植株直立生长呈灌木型，肉质茎圆柱形，有分枝。叶倒卵形，叶缘稍有锯齿，绿色；老叶易脱落，留有叶痕。

樱花大戟
Euphorbia primulifolia

樱花大戟

别称樱花麒麟，是马达加斯加岛特有的物种。具肥大的块根，深埋地下，叶生于茎端，叶缘略有褶皱。

大缠
Euphorbia lemaireana

大缠

肉质茎棱柱状，棱缘突起，有波状起伏，灰白色长刺生于棱缘。小花黄色。

安卡拉大戟
Euphorbia ankarensis

安卡拉大戟

肉质茎柱状，上部有叶子脱落留下的疤痕。花铜褐色。

琉璃晃
Euphorbia susannae

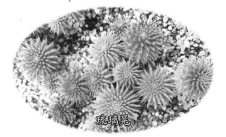

琉璃晃

群生。肉质茎球状或短圆筒状，具12~20条纵向排列的锥状疣突。细小的叶片生于疣突顶端，早脱落。聚伞花序，花杯状，黄绿色。有斑锦、缀化等变异品种。近似种有群瘤玉（*E. suzannae*）

波涛大戟
Euphorbia crispa

波涛大戟

别名皱麒麟。植株丛生，具肥大的肉质茎，其表面木质化，呈褐色。叶生于茎的顶端，细长条形，叶缘有波浪状起伏，在阳光充足的环境中呈红色。苞片绿色。

原产南非，夏型种，用播种或分株繁殖。

柳叶麒麟
Euphorbia hedyotoides

柳叶麒麟

具肥硕的块根，植株多分枝，呈灌木状。叶细长，形似柳叶。

原产马达加斯加岛。夏型种，用播种或扦插繁殖。

麻风树属（*Jatropha*）　该属多肉植物原产美洲热带、亚热带地区。多年生草本植物或乔木、灌木、亚灌木，具肥硕的根茎。叶互生，掌状或羽状分裂。花雌雄同株，花序顶生或腋生，花瓣5枚。

细裂麻风树
Jatropha multifida

细裂麻风树的花果

别称细裂珊瑚树。植株呈大灌木或小乔木状。茎枝具乳汁，叶掌状深裂，裂片全缘、浅裂或深裂。花序顶生，花朵具短梗，雌雄异花，花密集，红色。蒴果椭圆形至倒卵形。

细裂麻风树

锦珊瑚
Jatropha berlandieri

锦珊瑚

别称珊瑚珠。具圆球形或其他形块根，表皮灰褐色至黄褐色，有灰白色粉质斑痕；生长期顶端簇生绿色嫩枝。叶掌状，绿色，具长柄，被有淡淡的一层白粉。伞形花序，雌雄异花，但同株，小花红色。蒴果球形，带棱。

夏型种，用播种繁殖。

锦珊瑚的花与果

佛肚树
Jatropha podagrica

佛肚树

别称麻风树、瓶子树、萝卜树、纺锤树。植株灌木状，茎基部或下部膨大呈瓶状，枝条短粗，肉质，有大而明显的叶痕，表皮灰色易脱落。叶盾状着生，具长柄，圆形至阔椭圆形，顶端圆钝或截形，全缘或 2~6 浅裂。花序顶生，具长总梗，有短的红色分枝，雌雄异花，小花红色。

夏型种，繁殖以播种、分株为主。

佛肚树的花与果

翡翠塔属（*Monadenium*） 全属约 50 种，分布于非洲热带地区。肉质茎圆柱形或棱柱形，布满螺旋排列的瘤状突起。伞形花序顶生，苞片和腺体联合在一起。

人参大戟
Monadenium neorubella

人参大戟

具浅灰色肥大的肉质根茎，形似人参，其顶端长有圆形肉质细茎，上有纵棱。叶质厚，近似菱形，正面灰绿色，背面紫红色。小花深粉红色。

将军阁
Monadenium ritchiei

将军阁

植株基部多分枝，茎肉质，呈圆柱形，深绿或浅绿色，有线状凹纹。小叶轮生，叶片卵圆形，绿色，稍具肉质，有细毛，边缘稍有波状起伏。假伞形花序，小花黄绿色。斑锦品种有'将军阁锦'。

夏型种，用播种或扦插、嫁接繁殖。

'将军阁锦'

茎足单腺戟
Monadenium ellenbeckii

茎足单腺戟

原产肯尼亚和埃塞俄比亚。茎肉质，圆柱形，有分枝，绿色，有线状凹纹。小叶轮生，叶片卵圆形，绿色，稍具肉质，有细毛，边缘稍有波状起伏。假伞形花序顶生，小花黄绿色。

紫纹龙
Monadenium guentheri

'紫纹龙锦'

红雀珊瑚
Pedilanthus tithymaloides

红雀珊瑚

别称龙木，原产坦桑尼亚。具肉质根，肉质茎丛生，长达35厘米，粗3厘米，具疣，疣基部菱形。斑锦变异品种'紫纹龙锦'，茎灰白色，老叶红色，新叶绿色有白色斑纹。

夏型种，用扦插、分株或播种繁殖。

白雀珊瑚属植物。茎肉质，绿色，常呈之字形弯曲生长。叶互生，披针形至卵形。杯状花序排列成顶生的聚伞花序，总苞鲜红色。同属中有近似种白雀珊瑚，叶缘白色，叶面上有白色斑纹。变种蜈蚣珊瑚（*P. tithymaloides* 'Nanus'）也称雀扇珊瑚、怪龙、青龙、龙凤木，呈两列平行排列，形似蜈蚣。

蜈蚣珊瑚

奇异油柑
Phyllanthus mirabilis

奇异油柑

叶下珠属植物。具块根，类羽状叶，新叶红色，老叶绿色。

原产泰国等东南亚地区。夏型种，可用播种繁殖。因该植物结实率较低，种子不易得到，常有人把萝藦科的紫背萝藦（*Petopentia natalensis*）当作奇异油柑。

奇异油柑是叶下珠属唯一的多肉植物，有些文献将叶下珠单独划归一科，即叶下珠科。

苦苣苔科　Gesneriaceae

　　苦苣苔科的多肉植物集中在月宴属，后该属并归到大岩桐属。原产巴西，具球形或不规则形块根，枝条生于顶端，茎叶上有或浓密或稀疏的白毛，花色有白、红、橙红、粉等，爱好者把大岩桐属中这类"具块根，叶上有毛"的种类统称为"断崖女王"，约有 20 多种，均为夏型种，多用播种繁殖。

断崖女王
Sinningia leucotricha

断崖女王

　　别称断崖之女王、月之宴、月宴，大岩桐属植物。块根表皮呈黄褐色，有须根。顶端簇生绿色枝条，表面密生短小的白毛。叶片生于枝条上部，椭圆形或长椭圆形，绿色，叶表密生厚实的白色茸毛。花生于枝的顶端，数朵群聚开放，花筒较细，花瓣先端稍微弯曲，橙红色或朱红色，外被白色茸毛；春末至初秋开放，尤以 4~5 月为最盛。

白香岩
Sinningia tubiflora

白香岩

　　别称白花断崖，大岩桐属植物。块根形状不规则，茎较高，可达 80 厘米。叶狭长，有稀疏的毛。花具长筒，白色。

白香岩的花

芦荟科　Aloaceae

　　芦荟科多肉植物包括原来属于百合科的芦荟属、沙鱼掌属（脂麻掌属）、瓦苇属（十二卷属）、松塔掌属等。1998 年根据基因亲缘关系分类的 APG 分类法将百合科内大部分属独立出来，把芦荟属等多肉植物归并在独尾草科内（在一些地区也被称为日光兰科），国内称之为芦荟科，但国内一些爱好者仍旧习惯将其称为"百合科"。

　　芦荟属（*Aloe*）　　该属多肉植物约有 300 个原始种，还有一些栽培变种和园艺种。根据品种的不同，形态差异很大，有的植株无茎，叶片呈莲座状排列；有些种类则主茎高耸，达 10 米之高。它们都具有肥厚多汁的剑形或长三角形叶片，叶色有绿、蓝绿、灰绿等，多数品种叶面上有斑点或斑纹，叶缘或叶面上有刺或

澳大利亚的芦荟景观

肉齿。幼苗时叶片两侧互生，成株后多为轮状互生。总状花序，小花筒形，红色、橙色或黄色，花期冬春季节。

　　除观赏外，库拉索芦荟、皂质芦荟、中华芦荟、木立芦荟等种类还有食用、药用价值，具有清热消炎、美容等功效，可外用治疗烧烫伤、灼伤、脚气等病症。

树状芦荟

马达加斯加岛的狐猴与芦荟

芦荟的花

黑魔殿
Aloe erinacea

黑魔殿

　　肉质叶放射状排列，灰绿色，三角形，两面凸起，向内弯曲；整株呈球；叶边缘和背部都生有白色或褐色硬刺。夏季开花，红色或白色，花会分泌蜜汁，以吸引蜂鸟和昆虫授粉。

　　春秋型种，难以出侧芽，多用播种的方法繁殖。

翠花掌
Aloe variegata

翠花掌

　　别称千代田锦、什锦芦荟、斑纹芦荟。具短茎。肉质叶自根际长出，呈三出覆瓦形排列，旋叠状生长，叶片三角剑形，肥厚多肉，表面下凹呈V形，叶缘密生白色肉质刺，叶色深绿，有横向排列的不规则银白色或灰

白色斑纹。'千代田之光'为其斑锦变异品种，叶片上有纵向的黄色斑纹；另有小型种'姬千代'。

'千代田之光'

雪女王芦荟
Aloe albiflora

雪女王芦荟

　　别称白花芦荟。肉质叶细长，呈剑形，直立或放射状生长。叶暗绿色，有细小的颗粒，使得手感较为粗糙。花白色，春末夏初开放。

雪女王芦荟的花

螺旋芦荟
Aloe polyphylla

螺旋芦荟

别称多叶芦荟、女王芦荟。肉质叶绿色，呈莲座状排列，成年植株的俯视图呈螺旋状，酷似精美的几何图案。

索赞芦荟
Aloe suzannae

索赞芦荟

原产马达加斯加岛。肉质叶直立生长，灰黑色。

龙山芦荟
Aloe berebihoria

'龙山芦荟锦'

茎不明显。肉质叶三角形，呈莲座状排列，叶色灰绿，叶缘有刺齿。'龙山芦荟锦'为其斑锦变异品种，另有小型种'姬龙山'。

不夜城芦荟
Aloe nobilis

不夜城芦荟

别称高尚芦荟、大翠盘。肉质叶轮生状，披针形，叶缘有黄色齿状肉刺。花橙红色，冬末至早春开放。斑锦变异品种为'不夜城芦荟锦'。

'不夜城芦荟锦'

折扇芦荟
Aloe plicatilis

折扇芦荟

别称扇芦荟、扇叶芦荟、乙姬之舞扇。在原产地南非开普省，植株呈乔木状，高达5米，分枝呈两歧分叉，分枝顶端叶呈二列排列，似折扇状。花管状，深红色。

推进器芦荟
Aloe suprafoliata

推进器芦荟（阳光充足时）

别称大羽锦芦荟。肉质叶最初两列对生，以后逐渐呈螺旋状排列。叶色灰绿至蓝绿，在阳光强烈、温差较大的环境中呈红色。花橙黄色。

推进器芦荟

二歧芦荟
Aloe dichotoma

二歧芦荟

别称箭筒树、皇玺锦。植株呈高大乔木状，高达15~20米，茎干直径可达2米，是最为高大的芦荟种类之一。枝条多为二分叉。花序直立，花黄色或粉色。

原产南非、纳米比亚，生长在砂石地带。在旱季，为了减少水分蒸发，除将根扎得更深来尽量吸收水分外，甚至还采用"自残"的方法——折断自身的部分枝干，以减少对水分和养分的需求，保存主体。

多枝芦荟
Aloe ramosissima

多枝芦荟

别称多歧芦荟。植株多分枝，在原产地呈乔木或灌木状。肥厚的肉质叶生于分枝上部，灰绿色。

大树芦荟
Aloe barberae，异名 *Aloe bainesii*

大树芦荟

别称树芦荟、贝恩斯芦荟、巨木芦荟、长叶芦荟、巴伯芦荟。高大乔木，株高 25~30 米或更高，胸径达 4 米；树皮坚硬粗糙，灰褐色至深褐色；基部有膨大或片状支柱根。树冠宽伞形，叉状分枝极多。肉质叶条状披针形，聚生枝端，叶色深绿至墨绿。大型总状花序，花色淡粉色至淡橘色，先端绿色。

原产南非、莫桑比克、安哥拉，夏季有短暂的休眠，用播种繁殖。

针仙人芦荟
Aloe excelsa

针仙人芦荟

别称高芦荟，大型种。幼株叶两列对生；成株植株高大，有明显的主干，叶生于其顶端。叶色灰绿，长披针形，正面稍凹，两面都有肉齿。花红色。

非洲芦荟
Aloe africana

非洲芦荟

原产南非开普省。茎直立，株高2~4米，叶线状披针形，灰绿色，叶缘有褐色小刺。总状花序呈圆锥状，花管状，长切弯曲，初为橙红色，后转黄色，花期2~3月。

琉璃姬孔雀
Aloe haworthioides

琉璃姬孔雀

别称毛兰、羽生锦，小型种。植株密集丛生。肉质叶莲座状排列，叶剑形，叶缘及叶面有密集的白色刺毛。筒状花橙色，夏季开放。

原产马达加斯加岛，春秋型种，以分株繁殖为主。

俏芦荟
Aloe jucunda

俏芦荟

原产索马里，小型种。植株群生，茎很短。叶色鲜绿，有淡绿色斑纹，叶缘有肉齿。

卡萨蒂芦荟
Aloe castilloniae

卡萨蒂芦荟

也译作"卡斯蒂略尼亚芦荟"。小型种，易群生，群生后又互相纠结在一起，形成一个大的部落种群。

帝王锦
Aloe humilis

帝王锦

别称蜘蛛芦荟。肉质叶呈莲座状排列，叶色灰绿，叶缘及叶面有白色肉刺。花橙红色或红色。

翡翠殿
Aloe squarrosa

翡翠殿

植株丛生。肉质叶翠绿色至黄绿色，强光环境中则呈褐绿色，叶缘有白齿，叶面及叶背有白色星点。

柏加芦荟
Aloe peglerae

柏加芦荟

肉质叶莲座状排列，灰绿色，覆有薄粉，叶缘及叶面均有刺。花橙红色。

木立芦荟
Aloe arborescens

木立芦荟

别称木尖芦荟。植株直立生长，高1~2米。叶轮生，狭长，灰绿色，叶缘有肉齿。斑锦变异品种'八宏殿'，茎叶上有黄色斑纹。

鬼切芦荟
Aloe marlothii

鬼切芦荟

别称山地芦荟，原产非洲热带荒漠地区。植株呈常绿乔木状，在原产地可达10米高，基部粗50厘米。肉质叶聚生于茎的顶端，略弯，叶缘及叶背生有粗壮的刺。花序大型，有分枝，花橙黄色至橙红色，生于花序的中上部。

'八宏殿'

好望角芦荟
Aloe ferox

好望角芦荟

别称开普芦荟、芒芦荟、青鳄芦荟、多刺芦荟。肉质叶大而坚硬，分布有小刺，叶缘有棕红色刺。花橙黄至橙红色。

原产南非的开普省，用播种繁殖。

超级芦荟

'圣诞之歌'

别称美国芦荟，是'圣诞之歌'（*A. Christmas* 'Carol'）以及'蝰蛇''绿沙滩''紫熏星''珊瑚火''橘子酱''日出''日落'等品种的统称，均为园艺种。其特点是叶面、叶背和叶缘均有宽大的齿状凸起，有些品种的齿状凸起呈红色或橙红色、白色，在光照强烈、温差大的环境中色彩尤为艳丽。其形态粗犷豪放，颇有特色。

百鬼夜行
Aloe longistyla

百鬼夜行

别称长生锦。肉质叶蓝绿色，被有白粉，叶缘有肉刺。花序硕大，花橙色。

超级芦荟

超级芦荟

超级芦荟

瓦苇属（*Haworthia*）　亦称十二卷属。产于非洲南部和马达加斯加，植株单生或丛生。肉质叶多排列成莲座状，少量两列叠生或呈螺旋形排列，形成圆筒状植株。全属约有 150 个原始种，经种间杂交选育，产生了大量的园艺种。大致可分为软叶亚属、小型硬叶亚属和大型硬叶亚属等 3 个亚属。

软叶亚属瓦苇（*Subgenus Haworthia*），约占整个瓦苇属的 2/3，其特点是大部分种类肉质叶的上部常呈透明状，有着明显的"窗"结构。阳光可通过"窗"照射到植物体内，进行光合作用。在原产地整个植物伏缩在土里，拟态成石头状。其花梗也较为柔软，每单个小花的花柄（花托）向外倾斜，花冠上部分开，下部聚合，花的雌蕊柱头较大。

小型硬叶亚属瓦苇（*Subgenus Hexangularis*）的亚属拉丁名意为"六角形花的"。其肉质叶较为坚硬，叶面有疣突，除了龙鳞、硬叶寿等少量种类外，一般没有"窗"的结构。与软叶系瓦苇相比，其花枝较为坚硬，花瓣质厚，花朵呈六角形。除原生种外，还有大量的园艺种和杂交种。

大型硬叶亚属瓦苇"*Subgenus Robustipedunculares*"的亚属拉丁名意为"强壮的"。这除了指它的植株较大、叶质坚硬外，更主要的还是指它的花梗粗壮而坚硬，多分枝，花朵虽小但质地坚硬，其果实、种子也比其他瓦苇类植物大很多。该亚属种类不多，仅有瑞鹤、冬之星座、漫天星、帝王卷等 4 个原始种，但每种都有一系列的变异种和园艺种、杂交种。

玉露
Haworthia cooperi

玉露锦

瓦苇属软叶亚属植物。肉质叶排列成莲座状，叶色碧绿，顶端有透明或半透明状的"窗"，表面有深色纵线条，有些品种顶端有细小的"须"。松散的总状花序，小花白色，有绿色纵条纹。

玉露的变异种及园艺种、杂交种很多，而且还经常有新品种面世。

主要有姬玉露、紫玉露、帝玉露、蝉翼玉露、玉露锦，以及'冰灯玉露''ob-1玉露''琥珀玉露''大紫玉露''糯玉露''刺玉露''花水晶''霓虹灯玉露''巨大赤线''蓝镜玉露''魔王玉露''冰魄玉露''超级玉露'等。此外，还有玉露与本亚属的万象、寿、宝草等杂交的杂交种。

玉露是目前名称较为混乱的多肉植物之一，其幼苗区别不是很大。引种时最好能看到母本或母本的照片，引进成株时不仅要看名称，更要看品相，以"株型紧凑，叶面光滑润泽，窗大而透明"者为佳，最好能泛出幽幽的蓝紫色光泽。

'巨大赤线'　'霓虹灯玉露'
'冰魄玉露'　'冰灯玉露'
'花水晶'　帝玉露
'刺玉露'　'超级玉露'

春秋型植物。夏季休眠，但不是很深。可用播种、分株、叶插、组培等方法繁殖。

白斑玉露
Haworthia cooperi 'Variegata'

白斑玉露

株型稍松散。叶子较长，叶表呈灰白色，有绿色脉纹。

樱水晶
Haworthia cooperi var. *picturata*

樱水晶

肉质叶排列成紧凑的莲座形，叶匙形，先端尖，叶缘及叶尖有纤细的毛，叶色翠绿，呈半透明状，有网格状脉纹，在阳光充足的环境中脉纹呈褐色。

樱水晶锦

毛玉露
Haworthia cooperi var. *venusta*

毛玉露

肉质叶上有细细的茸毛。其园艺种、杂交种很多，像'菊绘卷'等，以株型紧凑、毛密而长者为佳品。

'特选毛玉露'

楼兰
Haworthia hybrid 'Mirrorball'

楼兰

株型、叶形与玉露基本相同，其叶"窗"的通透度不高，而是呈绿褐色，在强光环境中则为褐色或紫褐色，叶缘有毛刺，叶面有较粗的叶脉。另有'大叶楼兰''尖叶楼兰'（也叫'唐三彩'）等。

狼蛛
Haworthia keganii×*Haworthia cooperi* var. *venusta*

狼蛛

杂交种。株型近似玉露，叶窗半透明，有直脉纹，在阳光充足的环境中呈紫红色，布满白色半透明的软肉刺。近似种有'红岩''赤狐'等。

白帝城

白帝城

玉露与寿的杂交种。肉质叶先端尖，呈三角形，密布半透明的白色疣突。近似种帝都，株型稍大，疣突的透明度较高，呈淡绿色。

帝都

万象

Haworthia maughanii

'花菱万象'

别称毛汉十二卷。具粗壮的肉质根。肉质叶排列成松散的莲座状，叶从基部斜出，半圆筒形；顶端截形，截面多为圆形，也有近似三角形或其他不规则形状；呈透明或半透明的"窗"结构，"窗"上有花纹；叶面粗糙，有细小的疣突。

万象的园艺品种很多，其主要区别在于"窗"，包括窗的大小和纹路，以"窗"大为佳。没有花纹的品种要求"窗"的透明度高、纯净，犹如一汪泉水，糯糯的；有花纹的品种以花纹显著、清晰、排列规整为佳，花纹以白色为主，偶尔有白色中夹杂着绿色、紫色花纹的品种，较为稀有。此外，植株的高矮也是品评万象的一个重要指标，以株型紧凑、低矮敦厚者为佳。著名品种有'稻妻''春雷''幻日''万象大紫''紫万象''无限''曙光女神''海市蜃楼''白妙''天照''羽衣''夕鹤''雷''明星''雪国''凤凰''花菱''灵鹫山''大宝''欧若拉''多浪哥'等。其中不少品种因有着不同的类型，而成为系列品种，如'稻妻'系列、'雪国'系列等。由于翻译的差异，还存在着异名同物的现象，像'稻妻'万象还被称为'雷电'万象，其原因是'稻妻'采用的是日文音译，而'雷电'采用的是意译。需要指出的是，同一个品种的万象，甚至同一株万象，由于栽培环境或季节的差异，也会表现出不同的色彩，像'紫万象''万象大紫'在生长季节或栽培环境光照不足，"窗"面上的纹路往往呈绿色，到了休眠季节则呈漂亮的紫色。

斑锦变异品种'万象锦'，叶面上有不规则的斑纹，斑纹颜色以黄色最为常见，罕有橘红色、粉色、白色。

万象的种间杂交种很多，像'玉露×万象''玉扇×万象'等。

冬型种，可用播种或扦插（包括叶插、根插）、分株、组培等方法繁殖。

万象×玉露

'白瓷万象'　'欧若拉万象锦'

'雪国万象'　'大白山万象'

'白妙万象'　'南亚星万象'

'不死鸟万象'　万象×玉露锦

玉扇
Haworthia truncata

'玉扇锦'

别称截形十二卷。具粗大的肉质根，肉质叶两列对生，呈扇形排列。叶片肥厚，直立，表面粗糙，有小疣状突起，绿色，经阳光暴晒后呈褐绿色。叶面顶端截形，呈透明或半透明的"窗"结构，并有白色或褐色、绿色脉纹。

玉扇的园艺种、杂交种很多，其肉质叶截面形状除常见的长椭圆形外，还有M形、U形、V形等形状，而且其长短、宽窄、厚薄及截面的凹凸、透明度差异很大，顶部的"窗"或清澈如冰，或有洁白如银的花纹，也有少量的品种白色的花纹中夹杂着绿色、紫红色的花纹。品种主要有'绿玉扇''写乐''荒矶''歌磨''大三元''鬼岩城''青龙''烈焰''白龙''绿岛'等。此外，还有玉扇与寿的杂交种——'静鼓'及其斑锦变异种'静鼓锦'，玉扇与万象的杂交种'玉万'以及斑锦品种'玉万锦'等。

玉扇锦，为玉扇的斑锦变异品种。叶面上有黄色或粉红色、白色斑纹，斑纹的形状因植株而异，或呈丝状，或呈块状。

冬型种，播种或叶插、根插、分株、组培繁殖。

'超级绿岛玉扇'　'虞姬玉扇'

'鬼岩城玉扇'　'鬼岩城玉扇锦'

'浮云玉扇'　'绿玉扇'

'静鼓锦'　'荒矶玉扇红锦'

贝叶寿
Haworthia bayeri

贝叶寿锦

俗称克里克特寿、网纹寿、美纹寿等。肉质叶呈莲座状排列，叶片肥厚，形似贝壳，叶面粗糙，有很小的颗粒状突起，叶色深灰绿，稍透明，有灰白色网纹状线条。

贝叶寿的学名"*Haworthia bayeri*"是 1997 年由南非栽培者 J. D. Venter 和美国栽培者 S. A. Hammer 命名的。以前在很长一段时间内都采用的是"克里克特（*H. correcta*）"的名字，至今日本仍采用此名，国内的爱好者也多用此名。但此名不够科学，在国际上仅有包括日本在内的少数国家和地区的人使用。因此，有人根据其叶形像贝壳，拉丁文发音为"贝耶"的特点，命名为贝叶寿。

一般来讲，其原始种 *H. bayeri* 的表面具有粗糙的质感，生长较为缓慢，成年植株叶面上有成角状的直线纹路；被称为 *H. correcta* 的表面光滑，多为园艺杂交品种，生长较快，窗面上的纹路多交叉。国内栽培的多为 *H. correcta*（即克里克特寿），园艺种很多，叶子的宽窄，表面的"窗"的透明度以及脉纹的分布、密度都有很大差别。常见的有'木叶克里克特''美纹克里克特''大黑天''磨面克里克特寿''电路板''无纹克里克特寿'等。此外，还有斑锦变异品种'克里克特寿锦'，其叶片上有白色至黄色、橙黄色斑纹。

　　春秋型种，可用扦插或分株、播种繁殖。

西山寿
Haworthia mutica var. *nigra*

西山寿

　　肉质叶肥厚圆润，呈莲座状排列，叶色清澈透明，有深绿色纹路。变异种有'丸叶西山寿'，叶圆润肥厚。

'木叶克里克特寿'　'美纹克里克特寿'

'电路板'　'美纹克里克特锦'

'丸叶克里克特寿锦'

'丸叶西山寿'

白银寿
Haworthia picta

'白银寿锦'

　　肉质叶绿白色，夹杂着红褐色或黑色纹路，有些品种还带有绿晕、黄晕。其园艺种丰富，有'黄乳白银''大久保白银''艳肌白银''黑白银''银河白银''潘多拉白银''光源氏白银''翡翠白银''黄乳白银'等。此外，还有斑锦变异品种'白银寿锦'。

　　透明度高，网状脉纹清晰者为上品，目前国内爱好者多沿用日本的名称，如'网纹康平寿''红叶康平寿''冷泉康平寿''艳肌康平'等。另有'康平寿锦'，为康平寿的斑锦变异品种，其叶面上有黄色斑纹；组培变异品种有'裹般若'。

'潘多拉白银寿'

纹康平寿锦

大久保康平锦

特网康平寿

'网纹康平寿'

康平寿

Haworthia comptoniana

康平寿

　　肉质叶肥厚饱满，上半部呈水平三角形，叶色浓绿，顶面光滑，呈透明或半透明状，有白色网络状脉纹和细小的白点。

　　康平寿的杂交种、优选种很多，以叶片肥厚，短而宽，"窗面"清澈，

青蟹寿

Haworthia splendens

青蟹寿

　　肉质叶三角形，圆润肥厚，叶面暗绿色或红褐色，有纵向的白色线条或斑点、透明的凸起，叶缘红色并具齿。园艺种很多，有'丸叶青蟹''赤肌青蟹''花葵''贵志'等，斑锦

品种'青蟹锦'。

'丸叶青蟹寿'　'花葵'

'贵志青蟹寿'　'青蟹锦'

磨面寿
Haworthia pygmaea

磨面寿

肉质叶顶部具半透明的疣突，犹如磨砂玻璃般的质感。其园艺种、杂交种丰富，有'银雷''特白城''延寿城''春庭乐''铁道银河'等。此外，还有组培变异品种'冰城寿'。

'磨面寿锦'

'银河铁道'

史扑寿
Haworthia springbokvlakensis

史扑寿

别称史扑鹰爪。肉质叶排成莲座状，叶尖圆钝，叶面清澈透明，有深色脉纹。有'魔界'以及斑锦变异'史扑锦'等品种。

毛牡丹
Haworthia arachnoidea

毛牡丹

俗称"钢丝球"。肉质叶较硬，没有透明的窗，暗绿色，在阳光充足的时候略带紫头，稍直立生长，叶缘及叶背密生长毛，毛质较硬，其叶尖部分容易枯萎。夏季休眠时植株往往缩成球形，以保护中心的生长点。本属中这种叶质较硬，叶缘有硬毛的还有赛米维亚（*H.semiviva*）、曲水之宴、水牡丹（在此类植物中，有好几种都叫水牡丹）等种类。

塞米维亚

曲水之宴

洋葱头瓦苇

洋葱头瓦苇

曲水之宴锦

宝草
Haworthia cymbiformis

达摩宝草

洋葱头瓦苇
Haworthia lockwoodii

洋葱头瓦苇

　　别称洋葱卷、洋葱皮、洋葱十二卷。肉质叶相对质薄，绿色。在夏季的休眠期，植株外围的叶子和叶尖端都会干枯，并缩成一团，就像洋葱一样，紧紧地包裹住中央的叶子和生长点，保护其免受强烈阳光的照射。到了秋凉后，新叶迅速生长。洋葱头瓦苇还有个近似种包菜，也称卷心瓦苇。该种也有在休眠或环境不适合的时候，外部叶子干枯而紧紧向叶子中央聚合，包裹住新叶子的习性。

　　别称水晶掌。肉质叶绿色，质肥厚，顶端呈半透明状，有褐色叶脉。品种有水晶殿（草玉露）、达摩宝草以及斑锦品种'宝草锦'等，近似种则有京之华（锦）等。

'宝草锦'

群鲛
Haworthia parksiana

群鲛

小型种。易群生，肉质叶三角形，墨绿色，有细小的疣突。品种有大叶、小叶之分。斑锦变异品种有'群鲛锦'。

'群鲛锦'

叶"窗"上有白色斑点或直线，但叶插苗有时会丧失这些特征。

冰砂糖寿
Haworthia kegazato

冰砂糖寿

叶上有毛刺，犹如洒上一层冰砂糖。园艺种丰富，以白色刺毛浓密者为上品。此外，还有一种元祖冰砂糖寿（也称玉绿之光寿），叶狭长，光滑，叶色白绿相间，甚至呈纯白色。

特选冰砂糖寿　　　元祖冰砂糖寿

点点寿
Haworthia groenewaldii

点点寿

美吉寿
Haworthia emelyae var. *major*

美吉寿

叶狭长，顶端呈三角形，有白色毛刺，背面有白色疣突。在阳光强烈的环境中植株呈红褐色。其园艺种和杂交种极为丰富，不少名品瓦苇都有其基因。

群生美吉寿

黑砂糖
Haworthia emelyae 'Kurozato'

黑砂糖

美吉寿的杂交种。叶面上有黑色纹路。

毛蟹寿锦

毛蟹寿锦

毛蟹寿的斑锦变异品种。肉质叶顶端呈三角形，有毛刺，叶绿色，有黄色斑纹。

西瓜寿
Haworthia 'ISI atrofusca' mutant

西瓜寿

红纹寿的组培变种。原种红纹寿植株较大，叶窗三角形，有红褐色脉纹。而本种叶子较为狭窄，但通透度较高，有暗褐色叶脉。变种'全窗西瓜寿（铅笔头）'。所谓"铅笔头寿"，并不是单一的品种，而是对几种全窗类型寿的统称。它们均为组培中的变异品种，因其先端形似铅笔头而得名，像西瓜寿、冰城寿（磨面寿的组培变异品种）等都有全窗型变异，这些种都称为"铅笔头寿"。

红纹寿

铅笔头寿

雪景色

雪景色

青蟹寿的杂交种。肉质叶上部呈三角形，叶色墨绿至白绿色，有稀疏的白色半透明状肉刺和白绿色脉纹。另有'丸叶雪景色'等。

'丸叶雪景色'

种植物，而是一个"系"，有着众多的品种，其共同点是叶窗的基部宽，顶部狭而尖，在阳光充足的环境中有着红褐色肌理，脉纹有白、绿等颜色。有'酒吞童子''宫井''粉红'等品种。

小疣寿，亦为"芭堤雅"系植物，叶色浓绿至翠绿，密布凸起的小疣。有斑锦变异种'小疣寿锦'。

'酒吞童子'

'小疣寿锦'

小疣寿

芭堤雅

Haworthia mirabilis var. *badia*

芭堤雅

叶窗先端尖，叶面光洁，有灰色或其他叶色的脉纹。芭堤雅并不是一

大久保寿锦

大久保寿锦

大型种。叶窗圆润饱满，具黄色斑纹。

阿寒湖
Haworthia comptoniana 'Akan-Ko'

叶窗三角形，有着较高的亮度，在阳光充足的环境中有着淡红褐色肌理。

三仙寿
Haworthia obtusa×comptoniana

玉露与寿的杂交种，形态介于玉露与寿之间，斑锦变异种'三仙寿锦'。

'三仙寿锦'

月影寿
Haworthia 'Tsukikage'

叶窗三角形，有网格状白色脉纹。

银龟寿

园艺种。叶窗肥厚，呈宽三角形，银灰色，具深绿色脉纹。

草瑞鹤
Haworthia zantneriana

叶缘有白棱，叶面有透明的纹路。变异种有'短叶草瑞鹤'等。

'短叶草瑞鹤'

叶放射状生长，叶面上有横行排列的白色疣突。园艺优选种'十二之缟'也叫"超级白"，其株型较条纹十二卷大，白色疣突也更白更大；'十二缟'的优选种则有'霜降''青木缟''斑马'等。此外，还有斑锦变异品种'条纹十二卷锦'以及'十二缟锦'等。

马丽丽寿

马丽丽寿

'十二之缟'

'十二之缟锦'

'霜降'

'条纹十二卷锦'

别称玛丽莲寿。叶端三角形，有密集甚至联成片的透明凸起。有斑锦变异种'马丽丽寿锦'。

条纹瓦苇

Haworthia fasciata

'斑马'

别称条纹十二卷、锦鸡尾，瓦苇属小型硬叶亚属植物。三角剑形肉质

龙鳞

Haworthia tessellata

龙鳞

别称蛇皮掌。肉质叶排成莲座状，叶质肥厚而坚硬，卵圆状三角形，顶端渐尖；叶色暗绿，叶背稍呈红褐色，并有不规则排列的白色小疣突；叶缘向内卷，具白色小齿；叶面平展，无毛，

呈透明或半透明状；叶脉由数条白绿色纵线及短横线组成，将叶面分割成蛇皮样网格状斑纹。有雷鳞、鳄龙鳞、沙丘城、立叶龙鳞等近似种。

密纹龙鳞

雷鳞

龙鳞锦（黄）

龙鳞锦（红）

立叶龙鳞

绿色，表面粗糙，有细小的疣突。其斑锦变异品种为'龙城锦'，叶面上黄色斑纹。此外，因生长环境的差异，龙城还形成了不同的类型，其株型、叶形近似，主要区别在于叶片排列的紧凑程度，以及叶片的薄厚、颜色浅淡、叶表粗糙度的差异。

'龙城锦'

龙城
Haworthia viscosa

龙城

植株易群生。肉质叶呈三角状轮生或螺旋状生长；叶质硬，绿色至墨

小天狗
Haworthia viscosa f. variegata

象牙塔白锦（小天狗）

别称象牙塔白锦，龙城的变型。植株易群生。叶上有灰白色斑纹。

另有'象牙塔黄锦'（*H. viscosa* f. *variegata*），叶面上的斑纹为黄色。景天科青锁龙属也有叫小天狗的植物，跟本种是同名异物。

'白肌琉璃殿'

'白纹琉璃殿'

'塔形琉璃殿'

琉璃殿

'象牙塔黄锦'

'雄姿城锦'

残雪殿

琉璃殿
Haworthia limifolia

'琉璃殿锦'

　　肉质叶有部分叠生，全部向一侧偏转，使叶盘看起来像旋转的风车，叶色深绿或灰绿，密布瓦楞状凸起横条，酷似一排排的琉璃瓦。园艺种有'塔形琉璃殿（也称白马）''白肌琉璃殿''白纹琉璃殿'以及斑锦品种'琉璃殿锦'，杂交种'雄姿城'及其斑锦品种'雄姿城锦'；近似种还有残雪殿等。

青瞳
Haworthia glauca

青龙

青绿色肉质叶螺旋形向上排列，使植株呈圆筒状。叶细长三角形，先端尖细，稍向内弯曲，叶色蓝绿或灰绿，背面有锐利的龙骨突。近似种有青龙等。

青瞳

碧琉璃塔
Haworthia pungens

碧琉璃塔

植株呈塔形，易群生。叶三角形，先端尖，叶色翠绿，表面光滑。

尼古拉
Haworthia nigra

尼古拉

小型种。生长缓慢，植株呈塔形。肉质叶三角形，墨绿色，甚至接近黑色；在紫外线强烈的环境中会变成橙红色或红褐色；其叶表粗糙，有着类似浮雕般的凸起。因产地或其他原因，形成了许多类型，像聚叶尼古拉、大型尼古拉等。

尼古拉（大型尼古拉）　　聚叶尼古拉

风车
Haworthia scabra

风车

肉质叶呈莲座状排列，并扭曲呈风车状，叶色翠绿，根据品种的不同，叶表或光滑，或粗糙，叶子的长短也有区别。除风车外，还有钝叶风车、长叶风车、疣叶风车（大疣风车）等种类。

'金海鹰爪'

'小白鸽'

'大鹰爪'

疣叶风车

钝叶风车

九轮塔
Haworthia reinwardtii var. *chalwini*

九轮塔

别称霜百合。植株塔形，易群生，叶三角形，向内弯曲，绿色，叶面有稀疏的白色疣突。杂交种'黑蜥蜴'；斑锦变异种'九轮塔锦'等。此外，同属中还有五轮塔，叶墨绿色，有细小的疣点。

鹰爪
Haworthia reinwardtii

鹰爪

植株塔形，易群生。肉质叶长三角形，向上生长，叶背有密集的白色疣突。变异品种有'小白鸽'，园艺种有'大鹰爪''金海鹰爪'等。

'黑蜥蜴'

五轮塔

'九轮塔锦'

龙爪瓦苇
Haworthia coarctata

龙爪瓦苇

别称龙爪、松果掌。肉质叶先端尖锐，向内弯曲包裹，叶色暗绿或绿褐，背面有稀疏的疣突，有些变型则有白色疣点。

索蒂达
Haworthia sordida

索蒂达

种名"sordida"拉丁文的意思是"肮脏的"，指该植物叶面具有颗粒状突起，往往有泥土粘在上面。叶狭长，蓝绿色至黑绿色，品种有'短叶（亮面）索蒂达''索蒂达锦'等。

高文鹰爪
Haworthia koelmaniorum

高文鹰爪

别称黑王寿。肉质叶长三角形，稍内凹，叶片布满疣突，叶色绿褐至红褐色。另有变异种'短叶高文鹰爪'（别称'矮黑王寿''丸叶黑王寿'），肉质叶短而肥厚。

'短叶索蒂达'

'短叶高文鹰爪'

松鹤
Haworthia 'songhe'

松鹤

为松之霜与瑞鹤的杂交种，株型较大，叶尖锐，深绿色，叶缘有白色角质层。

松之霜
Haworthia attenuata

松之雪

别称松霜。肉质叶狭长而饱满，密布细小的白色疣突，犹如一层白霜；斑锦变异种'松之霜锦'，叶上有黄色斑纹。另有变种松之雪，叶稍短，白色疣突较大。

金城锦
Haworhtia margaritifera f. *variegata*

金城锦

叶三角状披针形，先端尖而狭长，有稀疏排列的白色疣突，叶绿色，有黄色斑纹。另有糊斑金城，整个叶子都呈淡黄色。

松之霜锦

锦带桥

Haworthia hybrid 'Kintaikyo'，异名 *H. venosa* × *H. koelmaniorum*

叶长三角形，先端尖，叶面内凹，红褐色至绿褐色，有密集的白色疣突。

硬叶寿

Haworthia bruynsii

外观极像软叶亚属中的史扑寿，但花却有着硬叶瓦苇的特征，是唯一类似寿的硬叶瓦苇。

鬼瓦

肉质叶螺旋重叠生长，有多层，叶色墨绿，有毛刺状疣突。

天涯

叶三角形，墨绿色，质厚，两面均为点状或短波形疣突。

冬之星座

Haworthia pumila

简称冬星，瓦苇属大型硬叶亚属植物。肉质叶呈放射状丛生，叶色深绿，表皮坚硬，有白色疣突，其形状以点状或环状为主，其他还有水滴状、横纹、字母状或其他形状。园艺品种有'环纹冬之星座''姬东星''字母冬星''红狮子冬之星座''烟圈冬星''熊猫眼冬星'，以及斑锦变异种'冬之星座锦'等。

'红狮子
冬之星座'

'冬之星座锦'

'地上星'

'地上星'的疣突

'姬冬星'

帝王卷
Haworthia kingiana

帝王卷

漫天星
Haworthia minima

漫天星

别称满天星、秋天星、米粒、迷你玛。肉质叶狭而长，绿色或蓝绿色，有些类型顶端还略有弯曲，还有些类型在阳光充足时会呈红褐色，叶面上细小的疣突如同米粒。其变异种及园艺种很多，其中的'地上星'叶面上的疣突多而均匀，呈有光泽的半透明状，晶莹剔透。

春秋型种，用播种或分株、叶插繁殖。

肉质叶三角形，下部宽，顶端尖；叶色翠绿或稍呈黄绿色，在阳光充足的条件下，有时叶尖呈美丽的红色，叶面有白色的浅疣点。因产地的不同，其形态也有一定的差异，有些植株容易发侧芽，形成群生状植株；而有些植株则几乎不出侧芽，但单株巨硕，颇为壮观。

大型帝王卷

瑞鹤
Haworthia marginata

'瑞鹤锦'

　　植株多为单生，很少出侧芽，株型较大。肉质叶呈螺旋状放射生长，叶片肥厚坚硬，狭长三角形，表面绿色或灰绿色，无疣点或有少量的疣点，光滑而有光泽，叶片两侧及背部有透明的硬棱。有青皮瑞鹤（也称青瑞鹤，因产地的不同，形态有所差异）、星瑞鹤、白折瑞鹤等类型。此外，还有大量的园艺种、变异种，像'瑞鹤锦'等。

青皮瑞鹤　　星瑞鹤
瑞鹤　　瑞鹤
白折瑞鹤　　大型瑞鹤

天使之泪

天使之泪

　　瑞鹤的杂交种，因叶面上的白色疣突如同流动的泪珠而得名。其肉质叶较为厚实，呈三角锥形，深绿色；叶表有大而凸起的白色瓷质疣突，其叶背的疣突较叶面多，有点状、水滴状、纵长条状等形状。还有人以天使之泪为基础，杂交培育出了疣点更为浓密的'皇帝天使之泪'以及其他类型的天使之泪杂交种，这些统称为"天使系"。此外，还有斑锦变异种'天使之泪锦'。

'皇帝天使之泪'

流星雨

流星雨

别称"G7天使"。叶面上的疣点狭长而密集，犹如流星滑过夜空的轨迹。

此外，还有一种疣突不呈半透明状状、洁白且有瓷的质感的园艺种也被称为'钱形'或'大疣钱形'。近似品种有'星吹雪'等。

'星吹雪'

钱形瓦苇

钱形瓦苇

别称钱形十二卷，简称"钱形"。其疣点扁圆，大而圆润，且呈半透明状，晶莹剔透。

'大疣钱形'

泪珠

泪珠

叶放射状生长，深绿色，其正面与背面均有疣突，疣突大而凸出，有瓷质光泽。有'达摩泪珠''大疣泪珠'及'泪珠锦'等品种。

恐龙

恐龙

泪珠的近似种。与泪珠相比，其叶面较为宽大，顶端尖且稍向内弯，叶正面疣突少或无。

天守之座

天守星座

脂麻掌属（*Gasteria*） 也称沙鱼掌属。约有100多种，产于非洲西南部。幼株肉质叶呈两列对生，有些种类成株后呈莲座状排列。肉质叶通常呈舌状，深绿色有小的疣状突起或大理石般的晕纹。总状或

卧牛

Gasteria armstrongii

卧牛

别称天守星座。叶色暗绿，疣突点状或纵条形，白色，无光泽，呈石灰质。

银河

银河

肉质叶放射状生长，两面均有半透明的白色疣突。

圆锥花序，花冠管状，先端闭合，中间膨大似胃形。

春秋型植物，夏季高温季节和冬季温度过低时植株都处于休眠或半休眠状态。播种、分株或叶插繁殖。

植株无茎或仅有短茎，具粗壮的肉质根。多数品种的叶为两列叠生，也有少量品种的叶是三列互生。叶质肥厚坚硬，呈舌状。叶表绿色或墨绿色，稍有光泽，密布小疣突，使叶片显得较为粗糙。总状花序，花葶高20~30厘米；小花下垂，下部橙红色，上部绿色，由于是下垂生长，因

此看起来是上红下绿。花序下面一般有1~3片托叶。花后托叶会滋生花茎苗，这也是卧牛自然繁殖的一条重要途径，同时也是一些名贵品种的重要繁殖方法。

卧牛的园艺种很多，命名也较为混乱，主要有'卧象''比兰西卧牛''白云卧牛''爱勒巨象''达摩卧牛''龙虎豹''碧琉璃卧牛'以及'疙瘩牛''光面牛'等。有的叶片光滑，没有小疣突；有的叶片上有白色花纹或白色疣突，有的叶前端有V形棱；有些品种的叶片还呈螺旋状叠生。其植株的大小差异也很大，有的杂交品种生长很快，而且株型很大，反而失去了卧牛固有"生长缓慢、叶片宽厚结实，叶面粗糙，叶尖不向上，叶与叶相互紧贴叠生，无叶缘"的特点。因此在挑选卧牛时要选择那些株型端庄、紧凑，叶片厚、短、宽，叶面上的疣突大而密集、均匀，叶端圆钝的植株。

斑锦变异品种'卧牛锦'，绿色叶面上有显著的黄色斑纹，有时整个叶片都会呈黄色。

"军配型"卧牛，因叶形短宽，先端凹，形似古代日本的军配旗而得名，是卧牛中的一个重要类型。

'碧琉璃卧牛锦'

'比兰西卧牛锦'

'龙虎豹'

"军配型"卧牛

恐龙卧牛
Gasteria pillansii

恐龙卧牛

与卧牛近似，但叶较为宽厚，株型也较大，叶平展或稍直立，墨绿色，有白色斑点，叶端凹。其类型很多，并有斑锦变异品种。

'卧牛锦'

'白云卧牛'

恐龙卧牛锦

垂吊卧牛
Gasteria rawlinsonii

垂吊卧牛

'卧牛龙锦'（覆轮）

在原产地，植株生长在悬崖、山坡上，因垂吊生长而得名。因产地环境的不同，其形态有所差异。具茎。叶互生，较为狭窄，绿色，疣点小，看上去较为平滑。

珍珠牛
Gasteria baylissiana

珍珠牛

卧牛龙
Gasteria carinata

卧牛龙

小型种。叶舌形，墨绿色，密布白色圆形疣突。

子宝
Gasteria gracilis var. *minima*

'子宝锦'

别称牛舌头。肉质叶表面粗糙，有细小的疣状突起，成株呈螺旋状排列。变异种有叶子短厚，株型较小的'王妃卧牛龙'；斑锦品种'卧牛龙锦''王妃卧牛龙锦'，均为叶缘呈黄白色的覆轮锦。

株型、叶形均与卧牛近似，但较小，易群生。叶面上也没疣突或有稀疏的疣突。品种有'奶油子宝''富士子宝''银丝子宝'以及'子宝锦'等。

'奶油子宝'　'富士子宝'

白肌牛
Gasteria glomerata

白肌牛

小型种，易群生。叶面粗糙，灰白至浅灰绿色。

白肌卧牛

豪牛
Gastrolea 'Green Ice'

豪牛

脂麻掌属与瓦苇属的跨属杂交种。株高可达 20 厘米以上，肉质叶螺旋生长，叶色墨绿，有灰白色斑点。

绿冰
×*Gasteraloe* 'Green Ice'

绿冰

脂麻掌属的跨属杂交种。肉质叶螺旋生长，叶肥厚，灰绿色，具墨绿色斑纹。近似种'绿幽灵'，整个植株都呈淡灰绿色。

春莺啭
Gasteria batesiana

巨莺啭

'春莺啭锦'　　春莺啭奶油斑锦

黑莺啭

幼株时肉质叶两列对生，螺旋排列，形成松散的莲座状，叶面粗糙，有细小的白色疣突。近似种有黑莺啭，叶呈墨绿色；巨莺啭，植株较大。另有斑锦变异品种'春莺啭锦''黑莺啭锦'及其他园艺种。

松塔掌属（*Astroloba*） 这是芦荟科中较为冷门的一个属，不少人将其当作小型硬叶瓦苇亚属植物。植株几乎无茎，丛生状。肉质叶坚硬，有些被白粉或散状疣点；叶子先端都具有坚硬的刺状尾巴。总状花序，小花排列比较密集，小花梗直立，花沿短。全属有20种左右，还有一些园艺杂交种，甚至有与瓦苇属跨属杂交的杂交种等。

炎之塔
Astroloba bullulata

炎之塔

植株群生。肉质叶螺旋排列，紧凑而整齐，使植株成柱状；叶三角形，绿色，正面凹，背面凸起，有深绿色疣点，在阳光强烈的环境中，呈黄褐色。

银角
Astroloba 'Gintsuno'

银角

俗称白肌赤耳。叶灰绿色，叶缘的角质层呈赤褐色，背面有稀疏的疣突。

青瓷塔
Astroloba rubriflora，异名
Poellnitzia rubriflora

青瓷塔

植株塔形。肉质叶蓝色，具白粉，先端锐，叶质坚硬。花朵略带浅红色。原为独立的青瓷塔属，现划归松塔掌属，学名也作了相应的改变。因产地环境等诸多因素，有着不同的类型。

原产南非，春秋型。其生长缓慢，也不易出侧芽。可用分株、播种、扦插等方法繁殖。

青瓷塔

Astroloba spiralis

Astroloba spiralis

松塔掌属植物。肉质叶黄绿色，向上生长，表面光滑，无疣突。

Astroloba corrugata

Astroloba corrugata

俗称"炎之塔B型"。肉质叶三角形，叶面凹，背面凸起，具疣点，绿色，阳光充足时呈褐色。近似种 *A. skinneri* 等。

Astroloba herrei

Astroloba herrei

Astroloba skinneri

肉质叶向上生长，蓝绿色，光滑，无疣突，叶缘褐色。

Astroloba robusta

Astroloba foliolosa

Astroloba robusta

Astroloba foliolosa

肉质叶三角形，平展生长，叶色墨绿，叶缘有细小的疣突。

肉质叶三角形，正面凹，背面凸起，绿色，光滑。

百合科　Liliaceae

　　在以往的植物分类中，百合科的多肉植物很多，像芦荟属、瓦苇属、脂麻掌属以及鳞茎类的大苍角殿属、弹簧草属等属于百合科植物。随着分类法的变更，它们都被"请"出百合科，或单独成科，或并入其他科。但也有少量的种类仍留在原来的百合科，雾冰玉属就是其中之一。

　　雾冰玉属（*Eriospermum*）　也作毛子草属。原产南非，具长有须根的番薯状块茎，大多数种类叶片数量不是很多，叶羽状、椭圆形或其他形状，有些种类叶缘有褶皱，多数种类密生白毛或白色晶点。

有雾冰玉、将军幡、冰晶海带（*E. titanopsoides*）、*E. cooperi* 等种类。

　　雾冰玉属究竟应在哪个科，目前还有争议，有人认为归百合科，有人认为应归天门冬科，还有人认为它应该自立一科，即雾冰玉科。

雾冰玉
Eriospermum paradoxum

雾冰玉

　　不规则形肉质块茎上密布须根，全株披有白毛，叶羽状。花白色，异株授粉。

　　原产南非，冬型种植物。夏天深度休眠，叶子枯萎；秋天气候转凉时长出新叶。用播种繁殖。

Eriospermum cooperi

波叶郁金香
Tulipa regelii

波叶郁金香的花

郁金香属植物。具鳞茎。叶长三角形，叶缘向内翻卷，略直立；叶面分布有波状肋沟，叶色灰绿至蓝绿，在阳光充足的环境中有紫色条纹。花白色，中心部位呈黄色。

原产哈萨克斯坦的阿拉木图北部，原产地的海拔高度约 2600 米，昼夜温差极大。喜阳光充足的冷凉环境，夏季休眠。用播种或分株繁殖。

波叶郁金香的叶

风信子科 Hyacinthaceae

风信子科植物有 30 余属，大部分种类是从百合科植物中划分出来的，因此有些种类的命名还留有百合科的痕迹，像油点百合。其多肉植物主要集中在苍角殿属、紫镜属、绵枣儿属、鳞芹属、弹簧草属、辛球属、虎眼万年青属和立金花属等属。

大苍角殿
Bowiea volubilis

大苍角殿的花

苍角殿属植物。具球形鳞茎，最大直径可达 20 厘米，表皮翠绿色（埋在土壤中的部分则为白色），藤茎绿色，有分枝，幼株有对生的细长叶子。夏季休眠期藤茎枯萎，鳞茎外层的鳞片自上而下干枯，呈纸质。总状花序，花被黄色或浅绿色。还有一种奇力文苍角殿（Bowiea kilimandsharica），为小型种，生长缓慢。此外，该属的 Bowiea bosubilis 也被称为大苍角殿，为夏型种。

分布于乌干达至南非一带。冬型种，可用播种或分株、鳞片扦插繁殖。成株的枝条很长，栽培中可设支架，供其攀爬。

大苍角殿　　大苍角殿的鳞茎

鹿角苍角殿
Bowiea volubilis ssp. gariepensis

鹿角苍角殿的花

别称宝嘉丽仙鞭草,大苍角殿的一个亚种。茎枝颜色略白且更加粗壮,分枝短而粗,似鹿角;花被白色。

产于纳米比亚至南非开普省的西北部,冬型种,用播种繁殖。

鹿角苍角殿

丝叶苍角殿
Drimia intricata,异名 *Schizobasopsis intricata*

丝叶苍角殿

分布于非洲的中部和南部地区,辛球属植物。具小鳞茎,易群生。表皮灰绿色至棕红色,半埋入土中,直径 2.5~6 厘米;茎枝直立,质硬,有分枝。小花白色至浅黄色,春末至初夏开放,可自花授粉结实,果实椭圆形,成熟后裂开,迸出黑色种子。同属中近似种有卷丝叶苍角殿(*D. tanzania*),茎直立,在上部有密集的分枝,形成近似球形的树冠。

春秋型种,夏季有短暂的休眠期,可用播种或分株繁殖。

鹰爪百合
Drimia haworthioides

鹰爪百合

辛球属植物。具鳞茎,肥厚的鳞片裂开,呈松散的莲座状排列。叶先端分叉,叶缘有白毛。同属中有近似种夏弹簧草(*D. elata-crispum*)以及超卷毛(*D. ciliare*)等,因其叶子卷曲,通常被称为"弹簧草"。

夏弹簧草

紫镜属植物。具鳞茎。两叶对生，叶面粗糙，有紫色刺状突起；夏季休眠时叶子干枯，秋季天气转凉后再长出新叶；花粉红色，有香味，春季开放。近似种有艳镜（*M. depressa*），叶面较为光滑，绿色，叶缘红色（在阳光充足的环境中尤其明显）。

紫镜
Massonia pustulata

紫镜

紫镜的花

艳镜

鳞芹属（*Bulbine*）　也称须尾草属。植株具肥厚的根或鳞片状茎，叶肉质，总状花序，花以黄色为主，也有少量的种类为橙色或白色、粉色，花柱有芒，看上去毛茸茸的，非常可爱。此外，该属还有一种叶子卷曲似方便面的方便面弹簧草（*B. torta*）。

主要产于非洲的西南部，喜凉爽的环境，夏季休眠。栽培上要注意通风，不要淋雨。可用播种或分株繁殖。

方便面弹簧草

鳞芹属植物的花

韭芦荟

Bulbine frutescens

韭芦荟

别称鳞芹。肥大的肉质根，植株丛生。总状花序，花被橘红色，花蕊黄色。近似种葱芦荟（*B. cremnophila*）以及 *B.natalensis* 等。葱芦荟的花被、花蕊均为黄色。

冬型种，可用分株或播种繁殖。

葱芦荟

玉翡翠

Bulbine mesembryanthoides

玉翡翠

植株群生，具肥大的肉质根。肉质叶圆柱形，顶端细，翠绿至浅绿色，半透明，在强阳光下叶尖及上部常枯萎，形成半透明的窗面，在原产地还常常缩在土壤中，叶色也呈粉红色。总状花序，有 1~3 个花箭，花箭较长，最长可达 20 厘米；小花黄色，春末夏初开放，每朵花只开一天，但几乎每天都有新的花朵绽放，整个花期可持续 20~40 天。

另有亚种佛座箍（*B. subsp. namaquensis*），其叶数较少。花箭短（5~10 厘米高），一般只有 1 根。

原产南非，为冬型种多肉植物。可用播种或分株繁殖。

佛座箍

块根寿
Bulbine haworthioides

块根寿

分布在南非 Western Cape 地区。具肥硕的块根，叶肉质，有透明状窗的结构，呈莲座状排列，无论株型还是叶都与瓦苇属软叶亚属中的"寿"类结构近似；但黄色花却有着典型的鳞芹属植物花的结构特征。

原产南非，冬型种，用播种或分株繁殖。

环尾狐猴
Bulbine bruynsii

环尾狐猴

橄榄形或圆形肉质叶内凹，直立生长，绿色，具凹凸的褐色斑纹，看上去略像环尾狐尾的尾巴。花黄色。

原产非洲的西南部，冬型种，用播种或分株繁殖。

哨兵花属（*Albuca*） 也称弹簧草属（有些文献资料将其归为天门冬科 Asparagaceae）。该属植物有 60 余种，产于南非和纳米比亚，北非和阿拉伯半岛也有少量的分布。具鳞茎，叶细长，或直立或弯曲，或扭曲盘旋，其代表种是弹簧草。

哨兵花
Albuca humilis

哨兵花

俗称"小苍角殿"。鳞茎不大，易群生。叶细长，中间有凹槽，花白绿色，有清香。

春秋型种，夏季休眠不是很明显，用播种或分株繁殖。

弹簧草
Albuca namaquensis

弹簧草

别称螺旋草，俗称"细叶弹簧草"。植株具圆形鳞茎。叶由鳞茎顶部抽出，线形或带状，扭曲盘旋生长。花梗由叶丛中抽出，总状花序；小花下垂，花瓣正面淡黄色，背面黄绿色；花期春季。同属中的 *A. spiralis* 也被称为弹簧草，其叶尖的卷曲程度更高，但光照不足和潮湿的环境中，叶的卷曲程度下降，两者很难区别。

冬型种植物。夏季深度休眠，地上部分枯萎。可用分株或播种繁殖。有趣的是，在播种的实生苗中，偶尔也会出现变异现象，在同样的栽种环境中，其叶直挺而不卷曲，清丽雅致，别有一番特色。

直叶型弹簧草

毛叶弹簧草
Albuca viscosa

毛叶弹簧草

叶上有白色毛刺。
冬型种。用播种或分株繁殖。

钢丝弹簧草
Albuca spiralis，异名 *Albuca bruce-bayeri*

钢丝弹簧草

产于南非西开普省的小鲁卡地区，哨兵花属植物。叶稍硬，直立，扭曲如钢丝。同属中的 *A. halli* 也被称为钢丝弹簧草，其叶只在顶部卷曲。

冬型种，用播种或分株繁殖。

宽叶弹簧草

Ornithogalum concodianum，异名
Albuca concordiana

宽叶弹簧草的花

虎眼万年青属植物简称"宽弹"。分布于纳米比亚南部和南非开普省及卡鲁地区，不同产地叶形及鳞茎大小都会有区别。具圆球状鳞茎，其表皮露出土面部分为绿色。叶长条形，先端尖，扭曲向上生长。总状花序，花朵淡黄色，中央有绿色条纹，花期春季。

宽叶弹簧草根据叶子的卷曲程度有"发卷""特卷"等类型，其卷曲程度越高，观赏价值也就越高。需要指出的是，宽叶弹簧草叶子的卷曲程度除了品种外，还与栽培环境有着很大的关系，在阳光强烈而充足、昼夜温差大、稍微干燥的环境中卷曲程度最高。

在爱好者中还有"O属"（*Ornithogalum*）宽弹与"A属"（*Albuca*）宽弹之分，认为O属宽弹的叶子卷曲程度高，观赏性强。其实，这是分类方法的不同造成的，实质上两者是同一个属的植物，因为植物的科、属是按花的形态划分的。经过观察，O属宽弹和A属宽弹的花形几乎完全一样，颜色的深浅稍微有些差异，与O属的代表种虎眼万年青的花非常接近，但与A属的代表种哨兵花、弹簧草的花有着较大的区别。因此，笔者倾向将宽弹划归 *Ornithogalum* 属（即O属），其叶的卷曲程度跟栽培环境和品种有着较大的关系。

同属中还有狂乱弹簧草（*O. osmynellum*），其鳞茎较小，易群生，叶狂乱；夏弹簧草（*O. glandulosum*），叶较细，黄花，花向上而不下垂，夏型种等。

冬型种，夏季深度休眠，用播种或分株繁殖。

不同类型的宽叶弹簧草

不同类型的宽叶弹簧草

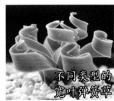

不同类型的宽叶弹簧草

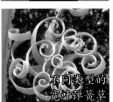

不同类型的宽叶弹簧草

迷你海葱
Ornithogalum sardienii

迷你海葱

虎眼万年青属植物。小鳞茎单生或群生，纤细，小花白色，稍有芳香。冬型种，用播种或分株繁殖。

迷你海葱的叶

油点百合
Drimiopsis kirkii，异名 *Scilla kirkii*

油点百合

风信子科油点百合属植物。植株群生，具鳞茎。叶面绿色，有类似油渍般的深色斑点，叶背紫红色。斑锦

变异品种'油点百合锦'，叶缘呈粉红色。

有些文献将其划归为百合科（或天门冬科）绵枣儿属。近似种有阔叶油点百合（*D. maculata*）以及总状油点百合（*D. botryoides*）、白云石油点百合（*D. dolomiticus*）等。

原产热带非洲，夏季无明显的休眠，可用播种或分株繁殖。

'油点百合锦'

仙火花
Veltheimia capensis

仙火花

仙火花属植物。植株具鳞茎。叶带状披针形，波状缘。穗状花序，长筒状小花下垂，聚生于花茎顶端，花色淡红，花期春季。

春秋型种，可用播种或分株繁殖。

立金花属（*Lachenalia*） 该属植物原产南非，植株具扁球茎。叶披针形，有些种类叶面具褐色斑点或茸毛。总状花序，花冠长筒形钟状，花色有白色、粉红、橙黄、橙红、蓝绿、蓝紫以及复色等。该属多肉植物有绿松石立金花（*L. viridiflora*）、*L. ensifolia*、*L. angelica*、*L. maughanii* 等种。

梦幻立金花
Lachenalia mutabilis

梦幻立金花

Lachenalia ensifolia

Lachenalia maughanii

Lachenalia angelica

别称幻色立金花，立金花属植物。具球茎。叶长披针形，绿色，有褐色斑点，叶缘波状起伏，花期有焦叶现象。由绿、紫等颜色组成的复色花，极富梦幻色彩，花期冬季至早春。

冬型种，播种或分株繁殖。

石蒜科　Amaryllidaceae

　　石蒜科是一个很大的科，约有 90 个属，1300 余种。植株具鳞茎或根状茎，叶通常基生，狭窄，花色艳丽。该科多肉植物主要集中在香果石蒜属、粗蕊百合属、刺眼花属、垂筒花属以及全能花属等属，这些植物的叶片扭曲盘旋，通常归为弹簧草类植物。

　　石蒜科中的有些植物是从百合科分离出来的，其名称中还带有"百合"，如大地百合（ *Ammocharis coranica* ）、灯台百合（ *Brunsvigia bosmaniae* ）等。

　　灯台百合属（ *Brunsvigia* ）　该属植物主要分布于非洲南部，叶对生，绿色，光滑或具有疣突、粗毛，有些种类叶缘还有"蕾丝"边；花以粉红色为主，兼有其他颜色。其花多在雨季后开放，经昆虫授粉后结出种子。种子成熟后，其花茎干枯，并被吹过地面的强风拔起，球状果穗随风滚动，并撒出种子。种子在湿润的土壤中很快发芽展叶，成为新的植株。有刺叶灯台百合（ *B. namaquana* ）、灯台百合、蕾丝边灯台百合（ *B. striata* ）等种类。

泡泡叶灯台百合
Brunsvigia radula

泡泡叶灯台百合

　　具鳞茎。叶绿色，先端圆钝，叶面有疣突。花茎粗壮，伞形花序，花粉红色。

　　喜温暖湿润的环境，旱季植株休眠。播种繁殖。

泡泡叶灯台百合的花

灯台百合

刺叶灯台百合

大地百合
Ammocharis coranica

大地百合

　　别称卡鲁百合，石蒜科大地百合属植物。植株具鳞茎。在温暖湿润的环境中，其终年常绿，叶子如果接触地面，可达数米；而在干旱或寒冷以及其他不适环境中则叶子枯萎，但给水后很快就会有新叶长出。花茎粗壮，黄色有红、粉、白等颜色。同属中见于栽培的还有 *A. snerinoides* 等种类。

　　原产非洲，喜温暖湿润的环境，耐干旱，怕积水。用播种繁殖。

G 属弹簧草

Gethyllis grandiflora

　　G 属弹簧草是香果石蒜属（*Gethyllis*）植物的通称，全属约32 种。知名度较高的有蚊香弹簧草（*Gethyllis linearis*）、金刚钻（*G. setosa*）、宽毛弹簧草（*G. villosa*）以及 *G. grandiflora*、*G.verticillata* 等。其鳞茎埋藏于地下的，具美丽的叶鞘，大部分品种的叶子卷曲或盘旋，少部分种类的叶子呈直线形或匍匐生长。各个种的叶形也有很大差异，有些种类叶上还有白色的毛或刺。盛夏，叶子枯萎，植株开始开花。花期无叶，所需的养分由球茎贮藏的养分提供，花白色或粉红色，有香甜的气味，每朵花开 3~5 天。子房在叶鞘上部，紧挨着球根，被深埋在土壤里。异花授粉完毕后，子房膨胀，3~4 个月后，果实成熟，顶出地面，散发出浓郁飞芳香。果实形状、大小、颜色根据品种的不同有很大差异，内有种子。其种子一旦离开果实，很快就会萌发，若赶上雨季，土壤湿润，根系扎入土壤，开始新的生命旅程；若干旱少雨，土壤干燥，种子在数周内枯死。

　　G 属弹簧草的主要产地是南非，冬型种植物。其栽培管理可参照弹簧草。不易出仔球，多用播种的方法繁殖，其种子的发芽率高低与其新鲜程度有关。种植时要浅埋鳞茎。其根系也比较脆弱，定植后切忌经常移植或翻盆。

Gethyllis namaquensis

Gethyllis verticillata

金刚钻

蚊香弹簧草

蚊香弹簧草的花

宽毛弹簧草

宽毛弹簧草的花

T属弹簧草

毛海带弹簧草

T属弹簧草是粗蕊百合属（*Trachyandra*）植物的通称。产于南非的纳马夸兰地区。植株具粗壮的根状茎。叶子根据品种的不同，宽窄有所差异，有些种类叶子上还有毛刺，其卷曲方法也不同，有的折叠，有的扭曲。知名度较高的种类有海带弹簧草（*Trachyandra tortilis*）和方便面弹簧草（*T. revoluta*），海带弹簧草因其叶扭曲似海带而得名。该属的 *T. falcata* 也经常被称作海带弹簧草，但其叶子根本就不卷。同属中近似种有毛海带弹簧草（*T. sp-Alexander bay*），叶稍宽，密布白色茸毛，叶缘红褐色。

冬型种，其栽培可参考弹簧草，可用播种或分株繁殖。

海带弹簧草（*Trachyandra tortilis*）

海带弹簧草（*Trachyandra tortilis*）的叶

海带弹簧草（*Trachyandra tortilis*）的花

刺眼花属（*Boophane*） 该属植物在东非及南非洲分布极广，因此产生不同地域变异种。就其叶形而言，有宽叶、强劲曲叶、波浪叶、窄叶、草叶种等变化。既有冬型种也有夏型种。

布冯
Boophane disticha

布冯

别称刺眼花。具鳞茎，外包裹褐色的枯皮。叶两列对生，灰绿色，稍直立，叶缘略呈波浪状。伞状花序，花瓣狭长，粉红色。

夏型种，冬季休眠。本种不易生仔球，通常用播种的方法繁殖。

波叶布冯
Boophane haemanthoides

波叶布冯

别称布冯、巨凤之卵。鳞茎硕大，长球形，外包裹黄褐色的枯皮。叶灰绿色，两列对生，呈扇形排列，叶缘向上翻，并呈现波浪形卷曲。花为玫红色，呈伞状花序，花瓣狭长。

波叶布冯俯视图

卷叶垂筒花
Cyrtanthus spiralis

卷叶垂筒花的花

俗称欧洲弹簧草，垂筒花属鳞茎类植物。其花形很像百合花。据说在原产地南非，当山林大火后才开放，因此又有火烧百合的别称。鳞茎球形，外被褐色膜。叶绿色，带状，盘旋生长。花橙红色，筒状，下垂，多在夏季开花，其他季节也能开放。

垂筒花属植物种类很多，但叶子卷曲生长的却不多，仅有3~4种，本种是卷曲程度最高、叶子最宽的种类。此外，还有 *C. smithiae*，其花为白色，花型较大；*C.obliquus*，其花橙红色，先端为绿色。

春秋型种。在适宜的环境中，一年四季都可以保持叶子的青翠而不枯萎；只有在长期处于干旱状态或冬季过于寒冷时，叶子才会枯萎，植株进入休眠状态。而不是像其他种类的弹簧草那样，在夏季高温季节叶子枯萎，植株进入休眠状态。

国王弹簧草

Pancratium sickenbergeri

国王弹簧草

别名以色列国王弹簧草。全能花属植物，鳞茎具褐色膜。叶带形，顶端尖，在阳光强烈，昼夜温差大的环境中，叶卷曲呈弹簧状，否则只是略有扭曲而已。花大，白色，具清香，夏秋季节开放。

夏型种，用播种或分株繁殖。

Cyrtanthus smithiae

鸢尾科　Iridaceae

鸢尾科植物约有 60 个属，800 余种，广泛分布于热带、亚热带、温带。多肉植物主要是一些叶子卷曲的种类，统称鸢尾弹簧草。

鸢尾弹簧草

蓝花肖鸢尾弹簧草

酒杯弹簧草

南红花属弹簧草

主要有酒杯花属（*Geissorhiza*）的酒杯弹簧草（*Geissorhiza corrugata*）；肖鸢尾属（*Moraea*）的蓝花肖鸢尾弹簧草（*Moraea pritzeliana*）和 *M.tortilis*，以及南红花属（*Syringodea*）的 *Syringodea longituba* 等。其植株具小块茎或鳞茎，叶子卷曲或扭曲生长，或直立或匍匐。花色以黄、蓝紫色为主。

原产非洲的干旱沙漠地带，夏季深度休眠，冷凉季节生长。具体养护可参考弹簧草。分株或播种繁殖。

Moraea tortilis

桑科　Moraceae

桑科的多肉植物主要集中在琉桑属（*Dorstenia*）。此外，还有榕属（*Ficus*）的白面榕（*Ficus palmeri*）等。

琉桑属（*Dorstenia*）　该属多肉植物具很粗的肉质根。叶簇生于圆柱茎顶端，形成类似棕榈树般的株型；叶圆形、椭圆形、披针形，羽状叶脉，叶缘有时呈波浪状，脱落后会留下白色或灰绿色叶痕。多数种类伤口会流出白色乳液。多数种类会在生长期内不定时、多次产生大量的花朵，隐头花序，圆盘结构，部分

琉桑的花盘结构

种类可自花授粉。核果成熟后心皮自动爆裂，释放种子，传播距离可达 2 米左右。

　　琉桑属中的多肉植物主要分布于肯尼亚、索马里以及阿拉伯半岛的干旱沙漠地区，除原始种外，还有一些杂交种、园艺种以及缀化、斑锦等。

　　琉桑属植物均为夏型种，可用播种或扦插繁殖。

巨琉桑
Dorstenia gigas

巨琉桑

别称索科特拉无花果树、树琉桑、岩琉桑，是琉桑属植物中最大的物种。株高 1.2 米或更高，肉质茎灰白色，基部膨大，可达 1 米。叶深绿色，长卵形，有明显的叶脉，叶缘微呈波浪状。花序盘形或飞碟形。

　　分布于阿拉伯海和亚丁湾交界处的索科特拉岛，生长在海拔 500 米高的石灰岩巨石上，极为壮观。

绵叶琉桑
Dorstenia crispa

绵叶琉桑

植株茎圆柱形，基本膨大呈球状。叶长圆形至披针形，叶缘略呈波浪状，集中生长在茎的顶端。盘状花序，具长花梗。

石膏琉桑
Dorstenia gypsophila

石膏琉桑

植株多分枝，具膨大的茎基。叶较宽，略扭曲。

椰树琉桑
Dorstenia lavrani

椰树琉桑

别称椰子琉桑。植株易从基本分枝，形成丛生状，茎直立。叶狭长，叶缘有皱褶，生于茎的顶端，形成类似椰子树的树形。

皱叶琉桑
Dorstenia horwoodii

皱叶琉桑

别称霍伍德琉桑。叶狭长，有浅绿色中脉，叶缘有缺刻，并扭曲呈皱褶。花序黄绿色。

银脉琉桑
Dorstenia lancifolia

叶片狭长，墨绿色，有银白色脉纹。

琉桑缀化

琉桑的缀化变异品种。肉质茎扭曲呈鸡冠状，墨绿色，休眠期有叶片脱落留下的白色疤痕。

胡椒科　piperaceae

胡椒科的多肉植物主要集中在椒草属。

椒草属（*Peperomia*）　也称豆瓣绿属。全属植物有 500 余种，圆叶椒草、西瓜皮椒草、皱叶椒草等不少种类的叶肥厚也具肉质，但列为多肉植物的是那些株型矮小紧凑、叶子特别肥厚的种类，仅有石头椒草、斧叶椒草、塔椒草、红背椒草、柳叶椒草等 10 余种，它们均产于南美的热带地区。

斧叶椒草
Peperomia dolabriformis

斧叶椒草

大斧叶椒草

肉质小灌木。叶肉质，在分枝顶端呈轮生状，先端尖、基部棒槌形，一侧圆弧形突出、一侧平直，圆弧形的一侧薄且透明，平直的一侧较厚，叶色碧绿或灰绿。花序很长，小花黄绿色。另有大斧叶椒草，其株型、茎干、叶子都较大。

春秋型种，夏季半休眠，可用扦插繁殖。

红背椒草
Peperomia graveolens

红背椒草

别称雪椒草、赤背椒草。植株矮小，易分枝，直立生长，肉质茎暗红色；肉质叶椭圆形，两侧向上翻，使叶面中间形成一浅沟，叶面暗绿色，叶背暗红色。穗状花序，小花绿色，春夏季节开放。近似种有灰背椒草等。

塔椒草
Peperomia columella

塔椒草

椒草属中最小的一个品种。株高约5厘米，直立生长，易丛生，肉质叶轮生，排列紧凑，叶片绿色，正面心形，稍透明，背面圆凸，颜色稍浅。

石头椒草
Peperomia hutchinsonii

石头椒草

椒草属植物。肉质叶斧状，灰白色至灰褐色，有疣突，表面粗糙，有着岩石般的质感。

马齿苋科 Portulacaceae

马齿苋科植物约有19属，其多肉植物主要集中在马齿苋属、马齿苋树属、回欢草属、土参属，以及延寿城属和刘氏花属等。

马齿苋属（*Portulaca*） 全属植物有200余种，一年生或多年生草本植物，原产印度，现广为传播，在不少地区成为野生种。其中的马齿苋可作为蔬菜食用，并有散瘀止痛、清热、解毒消肿等功效，可用于咽喉肿痛、烫伤、跌打损伤、疮疖肿毒等病症。而太阳花、大花马齿苋则是著名的观赏植物，有着丰富的园艺种，广为栽培。作为多肉植物栽培的有紫米粒、金钱木等。

紫米粒
Portulaca gilliesii

紫米粒

别称米粒花、紫米饭、紫珍珠、流星。植株低矮，匍匐生长。茎、叶均为肉质，叶大小如米粒，在阳光充足、昼夜温差大的环境中呈紫红色。花深粉红色，夏秋季节开放。

夏型种，可用扦插或播种、分株繁殖。

金钱木
Portulaca molokiniensis

金钱木

植株丛生。肉质茎灰色，表皮略有龟裂。叶碗形，着生于茎的顶端。

春秋型种，可用扦插或播种繁殖。

马齿苋树
Portulacaria afra

马齿苋树

别称树马齿苋、金枝玉叶、玉叶、绿玉树、银杏木、公孙木、万寿莲、碧玉莲，马齿苋树属植物。植株呈灌木状，茎、叶均肉质，分枝近水平伸出。新枝在阳光充足的条件下呈紫红色，若光照不足，则为绿色。肉质叶倒卵形，交互对生，质厚而脆，绿色，表面光亮。其萌发力强，耐修剪，易于造型，可作观叶植物栽培，亦可用于制作各种造型的盆景。

马齿苋树属的多肉植物仅此一种，但它还有两个斑锦变异品种——'雅乐之舞'和'雅乐之华'，两者叶面上均有黄白色斑纹。

原产莫桑比克，夏型种，可用扦插繁殖。

'雅乐之华'

'雅乐之舞'

回欢草属（*Anacampseros*） 全属植物约有 60 种。植株矮小，具匍匐性，具托叶，托叶有两种，一种是纸质托叶包着细小的叶，另一种肉质叶本身较大，托叶为丝状毛，着生在叶的基部。花期夏季或秋季，通常在阳光充足的午后至傍晚开放，遇到阴雨天或光照不足则难以开放。

银蚕
Anacampseros papyracea

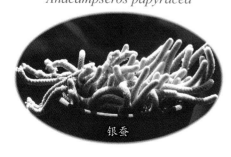
银蚕

原产南非、纳米比亚。植株具小块根，肉质茎丛生，直立或匍匐生长，表面覆有白色鳞片状纸质叶，具丝状小托叶，花生于茎枝的顶端，白色或白绿色，花期夏季，通常在阳光充足的午后开放，每朵花只能开 1 个小时左右。

银蚕的亚种有雪嫦娥（*A. papyracea*

ssp.*namaensis*），近似种有妖精之舞（*A. albissima*）、褐蚕（*A. ustulata*）、白鳞龙（*A.recurvata*）、砂蜘蛛（*A. herreana*）、奇特银蚕（*A. prominens*）等，这些植物共同之处是茎枝都具有覆有白色纸质叶，但其茎枝的粗细、长短、扭曲程度、分枝情况及叶的排列有所差别。

　　夏型种，可用播种或扦插繁殖。

绿的鳞片状小叶。花朵梅花形，生于细枝的顶端，直径2厘米左右；花蕊较长，往往超过花瓣，顶端有金黄色的花药；花瓣绢质，红色；通常在阳光充足的傍晚开放，日落后闭合，若遇阴雨天或栽培环境光照不足则难以开放，花期5~7月。另有亚种白花韧锦（*A. quinaria*），花白色，稍大。其他特征与韧锦基本相同。

　　春秋型种，可用播种繁殖。

妖精之舞

褐蚕
银蚕的花　白鳞龙

红花韧锦

韧锦
Anacampseros alstonii

白花韧锦

　　别名红花韧锦，具不规则的根状茎，表皮褐色，下端有细根，顶端丛生有细小的枝条。托叶包裹着白中透

白罗汉
Anacampseros namaquensis

白罗汉

　　肉质叶端面三角形，密布白色绢毛，叶腋及生长点有长而卷曲的黄白色丝毛。

茶笠
Anacampseros baeseckei

茶笠

植株柱形，肉质叶排列紧凑，形成柱形植株。叶绿色，具丝状毛。同属中的 *A. crinita* 在一些文献中也被称为茶笠。

花吹雪
Anacampseros tomentosa

花吹雪

具粗壮的根。肉质叶褐绿色（在阳光强烈的环境中呈深褐色），倒卵形，顶端有小尖，叶腋间有白色丝状毛。花玫瑰红色。

花吹雪

加花土参
Talinum caffrum

加花土参

别称草火花、黄花马齿苋，土参属（也称土人参属）植物。具肥大的块根。叶长条形或倒卵形。花生于叶腋，明黄色；通常在光照充足的午后开放，傍晚闭合，花期5~10月。蒴果，内有细小的黑色种子。同属中有近似种坦蕾斯土人参（*T. tenuissimum*）等。

夏型种，可用播种繁殖。

延寿城
Ceraria pygmaea

延寿城

延寿城属植物，植株灌木状。肉质叶肥厚，在生长期近乎球形，顶端稍凹。原产纳米比亚，冬型种。用播种或扦插繁殖。同属中的白鹿（*C. namaquensis*）也常见于栽培。

葡萄科　Vitaceae

　　葡萄科多肉植物主要分布在葡萄瓮属和白粉藤属。此外，蛇葡萄属的白蔹具肥硕的块茎，亦可归为多肉植物。

　　葡萄瓮属（*Cyphostemma*）　该属植物多为灌木或乔木。膨大的茎基直径30~40厘米，形状多呈不规则的长圆形，顶端有分枝，大叶簇生茎的顶端，果实成熟后红色或橘红色。原产非洲的纳米比亚、南非、安哥拉等国家。常见的品种有葡萄瓮、象足葡萄、葡萄杯、拉扎葡萄瓮、细叶葡萄瓮、柯氏葡萄瓮等。其中柯氏葡萄瓮（*C. currori*）体积硕大，高达4米，有膨大的肉质主干，顶端分枝多，表皮黄色，有纸质剥落；一年中有很长时间无叶，给人以苍茫壮观的感觉，是西南非洲植物的代表种之一。

葡萄瓮
Cyphostemma juttae

葡萄瓮

　　具肥大的块根，叶掌状。果实红色。

　　夏型种，可用播种繁殖。

　　白粉藤属（*Cissus*）　全属约350种，广泛分布于全球的热带、亚热带地区，多肉类约有24种。一般无膨大的茎基，落叶或常绿攀缘形灌木。单叶或复叶，卷须与叶对生。聚伞花序顶生或与叶对生，花萼杯状，花瓣4枚。浆果肉质。

翡翠阁
Cissus quadrangularis

翡翠阁

　　别称方茎青紫葛。原产南非、阿拉伯地区及印度。肉质茎匍匐或攀缘生长，4棱，棱缘角质，分节，节长

8~10厘米，节间有卷须和叶。叶心形，有缺刻，早脱落。花黄色至绿色。园艺种有蕾丝边翡翠阁等。

蕾丝边翡翠阁

　　蛇葡萄属（*Ampelopsis*）　也称白蔹属，木质藤本植物。主要品种有大叶蛇葡萄、乌头叶蛇葡萄、三裂蛇葡萄、白蔹等，具肥硕块根的种类仅白蔹一种。

　　白蔹喜湿润的环境，不像沙漠地带的多肉植物那样耐旱。可用播种和分株繁殖。

白蔹
Ampelopsis japonica

白蔹

　　原产我国，日本也有分布。藤本植物，具肥硕的肉质块茎，常数个聚生一起，表皮棕色至黑色，生长旺盛时露出土面部分的表皮有片状剥落。藤茎长2~3米，有分枝，淡紫色。叶与卷须对生，掌状复叶，小叶3~5片。聚伞花序与叶对生，小花黄绿色，花期6~7月；果实球形或肾形，成熟后蓝色或白色，表皮有针孔状凹点。

防己科　Menispermaceae

　　防己科植物广泛分布于全世界的热带、亚热带地区。其多肉植物主要是千金藤属的一些种类，该属植物产于我国的有 32 种左右，常见的有小叶地不容、黄叶地不容、海南地不容、广西地不容、云南地不容、金线吊乌龟、千金藤等。

地不容
Stephania epigaea

地不容

素可泰山乌龟

　　别名山乌龟、金不换、地胆，千金藤属植物。具硕大的肉质块茎，表皮灰褐色。藤茎攀缘或缠绕生长，下部稍木质化。叶近似于盾状着生，有长柄，叶纸质，宽卵形或卵形。花单性，雌雄异株，复聚伞花序腋生，小花绿色。核果卵形，成熟后为红色。近似种有产于泰国的素可泰山乌龟(*S. erecta*，别名直立千金藤)，叶圆形，茎短，直立生长，不爬藤。

　　夏型种。如果冬天温度适宜，也不会休眠。喜温暖湿润的环境，不像其他生长在沙漠地带很耐旱的多肉植物。可用播种或分块根繁殖。

山乌龟的果实

牻牛儿苗科　Geraniaceae

牻牛儿苗科植物含11属，800余种。其多肉植物仅存在于天竺葵属和龙骨葵属，而且数量也不是很多，均产于南非、纳米比亚和安哥拉。

天竺葵属（*Pelargonium*）　这是一个很大的属，但多肉植物仅有24种。植株呈低矮的亚灌木状，茎肉质，稍膨大。有些还具膨大的肉质根。叶具香气。

冬型种，可用播种繁殖。

枯干洋葵
Pelargonium mirabile

枯干洋葵（休眠期）

别称树干洋葵。具短而密集的分枝，表皮黑褐色。叶圆形，有白毛，叶缘浅裂稍呈波浪状。花白色或淡粉色。

枯干洋葵（生长期）

羽叶洋葵
Pelargonium spp.

羽叶洋葵
（*Pelargonium appendiculatum*）

羽叶洋葵是 *P. appendiculatum*、*P. triste* 等几种天竺葵属叶呈羽状种类的统称。共同点是羽状叶上有白色茸毛。种子成"箭"形，并有扭曲的"箭杆"，尾部有白色长毛。但块根的形状差异很大，*P. appendiculatum* 较小，呈圆锥形，近似萝卜；*P. triste* 较大，形状不规则，深褐色，有龟裂。

沙漠洋葵
Pelargonium alternans

沙漠洋葵
（*Pelargonium alternans*）

羽叶洋葵（*Pelargonium triste*）

别称香叶天竺葵、枯叶洋葵。枝条半木质化，老株具众多的分枝，且扭曲交叉，老枝黑褐色，新枝灰绿色。羽状叶。花期秋天，小花白色或粉红色。

龙骨葵属（*Sarcocaulon*） 该属多肉植物多为茎干状，膨大的茎干呈不规则形，具木栓质保护层。

小叶交互对生，休眠期脱落。花单生，白、黄或红、粉红等颜色。

黑皮月界
Sarcocaulon multifidum

黑皮月界

别称黑罗莎。植株呈小灌木状，高 20 厘米左右，肉质短茎带刺，半直立或匍匐生长，枝杈较矮，树皮蜡质，透明。叶卵形，有茸毛。花瓣白色或粉色。同属中近似的有白皮月界（*S. peniculinum*），枝干无刺，但拥有两排具短柄的叶子，叶片宽卵形至椭圆形，花瓣玫瑰红色至粉红色。其中的白皮月界因稀有而价格相对昂贵。还有刺月界（*S. herrei*），也称龙骨城，茎上有刺，花白色。

白皮月界

刺月界

别称温达骨城。植株多分枝，呈矮灌木状，茎上有刺。花白色，夏秋季节开放。近似种有红花龙骨葵（*S. pattersonii*）、格思龙骨葵（*S. crassicaule*）、白花龙骨葵（*S. camdeboense*）等。

夏型种，用播种或扦插繁殖。

龙骨扇
Sarcocaulon vanderietiae

红花龙骨葵

龙骨扇

西番莲科 Passifloraceae

　　西番莲科含 12 属 600 余种，主要产于南美，但其多肉植物几乎全部产于非洲，集中在阿加藤属。

　　阿加藤属（*Adenia*）　也称蒴莲属，约有 20 种，主要分布在非洲的坦桑尼亚、肯尼亚、索马里及南非。具膨大的茎基，其顶端有藤状细枝，枝上有卷须和刺；叶互生或掌状分裂。小花，单性，辐射对称。夏型种，用播种繁殖。

徐福之酒瓮
Adenia glauca

盆栽徐福之酒瓮

　　也称幻蝶蔓。膨大的基部上部呈绿色，下半部呈土黄色，看上去很像一个酒瓮，叶掌状，具深裂。

徐福之酒瓮

球腺蔓
Adenia globosa

球腺蔓

　　硕大的块根表面呈绿色，易木质化。叶子细小而早脱落。枝条绿色，有粗壮的肉质刺，可进行光合作用。花两性，黄绿色，5 裂；果实绿色，革质，长胶囊状。同属的多肉植物还有刺腺蔓（*A. spinosa*）、针腺蔓（*A. aculeata*）等种类。

漆树科　Anacardiaceae

　　漆树科的多肉植物主要集中在盖果漆属（*Operculicarya*）。盖果漆属植物具肥大的块茎，叶互生，稀对生，单叶或羽状复叶，总状花序或圆锥花序，花单性或两性，辐射对称。

象足漆树
Operculicarya pachypus

象足漆树

　　别称粗柄盖果漆树。植株多分枝，呈灌木状。具肥大的茎干；表皮灰色，粗糙，布满小瘤块。羽状叶绿色，有光泽。

　　夏型种，用播种繁殖。

列加氏漆树
Operculicarya decaryi

列加氏漆树

　　基部膨大呈块根状，表皮银灰色。一回羽状叶，绿色，有光泽。

　　夏型种，用播种繁殖。

列加氏漆

胡麻科 Pedaliaceae

胡麻科多肉植物主要集中在黄花胡麻属（*Uncarina*）和古城属（*Pterodiscus*）。

安卡丽娜
Uncarina roeoesliana

安卡丽娜

原产马达加斯加岛西南的干旱地区，主要生长期在春秋季节，用播种繁殖。

黄花胡麻

黄花胡麻的花

别称肉质胡麻，黄花胡麻属植物。具膨大的茎基，上部多分枝，呈灌木状。叶盾形，有茸毛，花黄色，生于叶腋，喇叭形。同属中还有黄花胡麻（*U. grandidieri*）及叶呈掌状的胡麻树（*U. decaryi*）等品种。

福桂花科　Fouquieriaceae

　　福桂花科也叫刺木科，仅福桂花属（*Fouquieria*）一属，有亚当福桂树（*F. diguetii*）、墨西哥福桂树（*F. macdougalii*）、蜡烛木（*F. splendens*）等11种。生长在墨西哥和美国西南部的干旱沙漠山坡地带，和仙人掌科、龙舌兰科植物同为北美荒漠植被代表物种。

　　均为夏型种，主要用播种繁殖。

簇生福桂花
Fouquieria fasciculata

簇生福桂花

　　植株呈灌木状，具肥大的茎基，分枝绿褐色，针刺密生。叶小，倒卵形，冬季脱落。

白花福桂花
Fouquieria purpusii

白花福桂花

　　别名普氏福桂花，植株多分枝，

具刺，新枝绿色。叶长条形，形似柳叶。花白色。

观峰玉
Fouquieria columnaris

观峰玉

　　呈乔木状，具松软而中空的干，基部膨大增粗，枝上带刺。单叶，倒卵形，常脱落。大型圆锥花序，花黄色。

蜡烛木
Fouquieria splendens

蜡烛木

　　别名尾红龙、墨西哥刺木、福桂树。植株从基部长出许多带刺的枝条，叶卵状，旱季脱落。花红色。

鸭跖草科　Commelinaceae

　　鸭跖草科多肉植物主要集中在重扇属（*Tradescantia*）、银毛冠属（*Cyanotis*）等4个属。

白雪姬
Tradescantia sillamontana

'粉红女郎'

　　重扇属植物。植株丛生，茎直立或稍匍匐。叶互生，长卵形，绿色或绿褐色，茎、叶均被有浓密的白毛，小花淡紫粉色，生于茎的顶端。斑锦变异品种'白雪姬锦'，叶面有黄色斑纹。另有园艺种'粉红女郎'，其叶较小，叶面有粉紫色斑纹。

　　春秋型种，夏季有短暂的休眠或半休眠，用扦插或分株繁殖。

白雪姬（锦）

重扇
Tradescantia navicularis

重扇

　　重扇属植物。茎分节，匍匐生长。叶三角形船状，上下叶常重叠，正面灰绿色，背面略呈紫色，密被茸毛。假伞房花序，花紫红色。

　　原产秘鲁北部，夏型种，用扦插繁殖。

凤梨科　Bromeliaceae

　　凤梨科的多肉植物主要集中在沙漠凤梨亚科（*Pitcairnioideae*），这是最为古老的凤梨植物。大多数为地生植物，生长在岩石和土壤中，依赖根部吸收养分和水分，叶片有着发达的棘刺，无法积水。沙漠凤梨亚科共16属，900种，常见的有硬叶凤梨属（*Dyckia*，也称雀舌兰属）、华烛之典属（*Hechtia*，也称剑山属）、普亚属（*Puya*）和松球凤梨属（*Abromeitiella*）等。均为夏型种植物，用播种或分株繁殖。

小雀舌兰
Dyckia brevifolia

小雀舌兰

　　硬叶凤梨属植物。植株无茎，常群生。叶剑形，呈莲座状排列，灰绿色，背面颜色更淡，叶缘有整齐的锯齿。穗状花序，小花黄色或橙黄色。

花烛之典
Hechtia glomerata

华烛之典

　　华烛之典属植物。无茎或具短茎，叶基生，革质，狭长，叶缘有刺，呈灰绿色、绿色或红褐色。穗状花序顶生。

松球凤梨
Abromeitiella brevifolia，异名
Deuterocohnia brevifolia

松球凤梨

　　松球凤梨属植物。植株呈垫状生长，单株2~3厘米，但由无数个单株组成的群生株就极为壮观。有些文献将其划归德氏凤梨属。

橄榄科　Burseraceae

橄榄科植物有 16 属，500 余种。其中的多肉植物均为茎干类，分布在乳香树属（*Boswellia*）和没药属（*Commiphora*，也叫裂榄属）。产于非洲的热带干旱地区。夏型种，繁殖以播种或压条为主，某些种类也可扦插。

艾郎乳香
Boswellia elongata

艾郎乳香

乳香树属灌木，茎干均为灰白色。叶细长、黑绿色，有十分显著的白色脉纹，叶缘有粗齿。同属中的多肉植物还有娜娜乳香（*B. nana*）以及阿曼乳香、迪奥斯乳香等种类。

白皮橄榄
Commiphora kataf

白皮橄榄

别名卡塔夫橄榄，没药属灌木。枝条初为青绿色，后逐渐变为深褐色，最后变为灰白色，呈纸状剥落。羽状复叶，3 枚，中间的 1 枚较大。同属中还有枝干节间呈瘤状，形似念珠的念珠橄榄（*C. somalia*）；叶呈丝状的丝叶橄榄（*C. kiaeuseliana*）等种类。

娜娜乳香

念珠橄榄

丝叶橄榄

酢浆草科　Oxalidaceae

酢浆草科植物有 7~10 属 1000 种，大多数种类为一年生或多年生草本植物，也有极少数种类为灌木或乔木。像我们熟悉的水果阳桃，就是酢浆草科阳桃属植物。

酢浆草属（*Oxalis*）　有 800 余种，为一年生或多年生草本植物，大多数种具肉质鳞茎状或块茎状地下根茎，茎匍匐或披散、直立生长。叶互生或基生，掌状复叶，通常 3 小叶，叶纸质或肉质，夜晚或缺水时闭合下垂；叶色以绿色为主，还有红、紫等颜色。花基生或为聚伞花序，萼片和花瓣均为 5 枚，并都呈覆瓦状排列，花色有红、黄、粉、淡紫、白等。

酢浆草属植物分布于热带和温带地区，巴西、墨西哥的热带地区及非洲的南非等地区。按其习性的不同，大致可分为三种类型：冷凉季节生长、高温季节休眠的"冷凉型"酢浆草（由于此类酢浆草多在秋季栽种，故也称"秋植型酢浆草"）；温暖季节生长、冬季休眠的"春植型酢浆草"；四季常绿的"常绿型酢浆草"。

棕榈酢浆草
Oxalis palmifrons

棕榈酢浆草

酢浆草属植物。小球根黑褐色。具长长的叶柄，由 20 枚左右的小叶组成掌状叶，小叶排列密集，基部联合，形似棕榈叶；叶绿色，在冷凉和阳光充足的环境中则呈红褐色。花单生，单瓣，白色或淡粉红色；花期春季，花朵通常在天气晴朗的时候开放，傍晚闭合，若遇阴雨天或栽培环境光照不足，则不能开放。

　　冬型种植物。夏季深度休眠，地上部分枯萎，可将小球根掘出，放在干燥通风之处，但温度不宜过低，以免造成提前发芽，影响以后的生长。通常用分株或播种的方法繁殖。

棕榈酢浆草的花

简称"草包酢",酢浆草属植物。具小块根，其外皮黑褐色，叶掌状，蓝绿色；花粉红色，中心白色。

爪子酢浆草

爪子酢浆草

爪子酢浆草是对几种叶子形似"爪子"的酢浆草属植物的统称。根据花色的不同，有白花爪子酢（O. 'flava white'）、粉白花爪子酢（O. 'parama pink'）、黄花爪子酢（O. 'flava yellow'）等种类。

双色酢浆草
Oxalis Versicolor

双色酢浆草

酢浆草属植物。具小球根，花白色，背面有红色边缘，含苞待放时犹如一支冰激凌，故也称双色冰激凌。

草包酢浆草
Oxalis adenophylla

草包酢浆草

粉花爪子酢

荨麻科　Urticaceae

露镜
Pilea serpyllacea 'Globosa'

冷水花属多肉植物，植株呈低矮的小灌木状。茎肉质，半透明。肉质叶椭圆形球状；上半部凸起、呈墨绿色，下半部呈半透明状；在阳光强烈的环境中，茎、叶均呈粉红色，乃至紫红色。

喜温暖湿润的环境，要求有充足而柔和的阳光。春秋型植物，扦插繁殖。

禾本胶科　Xanthorrhoea

黑仔树
Xanthorrhoea australis

黑仔树

　　别称黑孩子、黑熊草、澳洲黄脂木，黑仔树属（也称草树属）。植株具粗壮的茎，黑褐色，上部有分枝。叶集生于茎的顶端，细长线状，拱形下垂，绿色，革质。花白色，冬春季节开放。

　　产于澳大利亚南部，用播种繁殖。

黑仔树

梧桐科 Brachychiton

昆士兰瓶干树
Brachychiton rupestris

昆士兰瓶干树

原产澳大利亚的昆士兰及南威尔士的干旱地区，世界各地均有引进。用播种或扦插繁殖。

别称瓶子树、佛肚树、纺锤树，梧桐科瓶干树属植物。植株呈高大乔木状，其胸径可达3米，肥胖的树干酒瓶状，内贮大量可食的微甜汁液。叶掌状或披针形。花风铃形。果实长圆形，咖啡色。

南京中山植物园的瓶干树

茜草科　Myrmecodia

蚁巢玉

Myrmecodia tuberosa

蚁巢玉

部膨大，内有许多的通道与孔室，可供蚂蚁居住。其种植要求类似于附生的热带兰，不耐寒，越冬温度不可低于15℃，基质要求有良好的透气与保水性能，可与水苔一起绑于木板、树皮或枯木上造景，也可用具备透气、保水性能的基质（如泥炭、水苔、植金石、树皮等混合）栽于盆内；适宜栽种在有明亮散射光的地方，避免强光直射；施肥可每月喷施两次叶面肥。

　　别称块茎蚁巢玉、块茎蚁巢木、蚁茜，蚁茜属植物。这是一种蚁栖植物，即与蚂蚁产生共生关系的植物，是生物共同进化的结果。植物通过变异产生膨大的茎、刺、叶柄、块根、囊状叶给蚂蚁营巢；蚂蚁营巢和捕食时带来的有机物又为植物提供了可供吸收的养分。此外，蚂蚁还可以保护植物，驱走或捕杀危害植物的昆虫。尽管人工栽培环境下已没有蚂蚁与其共生，但其奇特的外形仍引人注目。

　　原产东南亚的一些岛屿，常附生于热带雨林的树上，茎全株具刺，基

蚁巢玉膨大的块根

山茱萸科　Pyrenacantha

锦叶番红

Pyrenacantha kaurabassana

锦叶番红

别称非洲无花果、锦葵叶番红，刺核藤属植物。具膨大的块茎，表皮白色；叶掌状或心形，叶缘波状。

在台湾，山茱萸科被称为番红科。锦叶番红是因为其叶似锦葵的叶而命名的，其实应为"锦葵叶番红"，据说是在出版相关文献时漏掉一个"葵"字，于是以讹传讹，将错就错，就成了"锦叶番红"。

原产莫桑比克等非洲东部地区，夏型种，用播种繁殖。

百岁兰科　Welwitschiaceae

　　百岁兰科含一属一种，即百岁兰。其寿命极长，可达百年，甚至更长。它是裸子植物演化成被子植物的过渡种类，有着很高的学术价值和知名度。

百岁兰
Welwitschia mirabilis

百岁兰

　　别称百岁叶、千岁兰、二叶兰、奇想天外。根极长，以深入地下吸收水分。植株具倒圆锥状短茎，在原产地其直径达 4 米，短茎上端或多或少呈两浅裂，沿裂边各有一枚巨大的革质带状叶，而且终生只有这一对真叶，不凋不谢，可保持上百年或更久。叶表有气孔，可吸收空气中的水分，叶的基部有一条生长带，位于那里的细胞有分生能力，可不断产生新的叶片组织，使叶片不停地生长；但叶子前端最老的部分，因受种种不良影响而不断地消失。不过，由于其基部的生长带没有被破坏，损失的部分很快就会被新生的部分替代，使人们认为它的叶子既不会衰老，也不会损伤。其实我们看到的叶片都是比较年轻的组织，老的早已消失，真正不老的部分是指基部具有分生能力的细胞。即便如此，新叶也会因风吹日晒等原因纵向裂开，看上去就像有很多片狭长的叶子似的，其实这只是其两片残破的叶子而已。叶子的宽度达 60 厘米或更宽。雌雄异株，球花形成复杂分枝的总状花序，雄花红色，雌花橙黄色，果实形似松果。花期 7～8 月，9 个月后种子成熟。

　　百岁兰原产非洲东南部和纳米布沙漠。那里有充足而强烈的阳光，风大，昼夜温差大，因离大西洋较近，有较高的空气湿度，每天凌晨都有大量的雾水降落，而且每年还有明显的雨季。因此，栽培中应给予较高的空气湿度。播种繁殖。具有强烈的直根性，宜用排水透气性良好的颗粒土栽种，并用较深的盆器。平时不要经常翻盆或移栽，以保护根系不受损伤。

原产地的百岁兰

仙人掌科　Cactaceae

　　仙人掌科（Cactaceae）植物约有 140 个属，2000 多个原生种，变异种和园艺种则数不胜数。植株依种类的不同，形态有灌木状、扁平扇状、柱状、球状等类型，有些变异品种外形更是奇妙，呈鸡冠状、扇形或山峦状等。

　　与其他种类多肉植物不同的是，仙人掌科植物的刺是生长在刺座上的。从本质上讲，刺座就是一个短缩的枝，上面生有叶芽、花芽与不定芽，因此刺和毛从刺座上长出，除乳突球属等少量的种类花是着生于疣腋外，大部分种类的花、仔球和分枝也从刺座上长出。可以说，刺座是仙人掌科植物的特有器官，有些多肉植物尽管也有着与仙人掌类植物极为相似的刺，但它们却没有"刺座"这一结构，像大戟科的布纹球，萝藦科的丽钟阁、阿修罗等。不少仙人掌科植物的刺有着很高的观赏性，像日出、神仙玉、狂刺金琥等的刺威猛刚强，色彩美艳，富有阳刚之美；而白星、高砂、白鸟、春星、羽毛球等植物的白色刺素雅高洁又是一番特色。此外，美刺玉、伏地魔的刺也很有特色。刺，是这些植物的观赏主体。

　　仙人掌科植物的刺就是围绕着"如何节约水，利用水"这个主题由叶子进化而成的：叶子成为刺后可以有效地减少水分的蒸发。在白天纵横交错的刺就像一个遮阳网，遮挡和反射沙漠毒辣辣的阳光，防止植株被灼伤；在夜晚将湿润空气中的露水聚集起来，流到根部，供植株吸收利用。此外，锐利的刺还可像盔甲那样保护肉质茎不受鸟兽等动物的啃食践踏。

　　"仙人掌"一词有着狭义与广义之分，狭义上的仙人掌特指仙人掌科仙人掌属的 *Opuntia dillenii*，而广义上的仙人掌则指整个仙人掌属植物（300 余种）。

叶仙人掌

仙人掌科植物的刺

仙人掌的花

"仙人掌类"则是园艺学上的概念，而非植物学上的概念，指所有的仙人掌科植物，甚至把形态与仙人掌科植物接近的其他多肉植物也叫做"仙人掌类植物"。

仙人掌科植物按其产地环境的不同，大致可分为陆生类和附生类两大类型。

陆生类仙人掌主要分布在美洲的草原或干旱少雨的荒漠地带，其茎及表皮的角质层较厚，棱多并具疣突；根的分布范围较广，大部分种类有着密生的刺、毛；花多在白天开放，颜色也较为醒目。除少量种类在夏季休眠外，绝大多数种类都在冬季休眠。

仙人掌科的绝大多数种类是陆生种，喜阳光充足和空气流通的环境，对光照的要求较高，耐干旱。

附生类仙人掌是指原产热带雨林边缘地带的仙人掌类植物。在原产地，它们附生在乔木的树干、枝杈以及岩石上，具宽大而扁平（或有棱）的茎节，与叶的形态近似，并呈绿色，可替代叶子进行光合作用。棱少且没有疣突，刺、毛也较少，但具气生根，一旦遇到养料、水分充足的地方，气生根上就可长出须根，进行吸收。

马达加斯加岛野生环境中的丝苇属附生仙人掌

陆生类仙人掌植物

附生类仙人掌约有280种，像令箭荷花、昙花、蟹爪兰、仙人指、假昙花、落花之舞、量天尺、鼠尾掌，以及丝苇属的猿恋苇、窗之梅等种都是附生类仙人掌。此类植物喜温暖湿润的环境，怕烈日暴晒，也怕积水，但要求有一定的空气湿度。

岩牡丹属（ *Ariocarpus* **）** 该属植物主要分布于美洲的墨西哥、美国等国家，生长于气候干旱、阳光强烈、地表多为岩石风化的地方。植株粗大的肉质根伸入岩石缝隙中，地面仅露出扁平的茎，其颜色与质感也与周围的岩石颜色相似，呈灰绿色或黄褐色，是一种典型的拟态植物，有着"活着的岩石"之美誉。但其花却非常惊艳，花单生，呈钟状或漏斗状，有红、粉、白、黄等色，花期和花朵的大小因种类和品种而异，通常在阳光充足的白天开放，夜晚闭合，如此昼开夜闭，可持续一周左右。果实棍棒状，白色或粉红色，种子暗黑色。

岩牡丹属植物主要有龟甲牡丹、岩牡丹、龙舌兰牡丹、龙角牡丹、黑牡丹等种，有些种还分有亚种、变种，还有大量人工培育的杂交种、园艺种等。

全属皆为夏型种，用播种或嫁接繁殖。

岩牡丹
Ariocarpus retusus

岩牡丹

具肥大的肉质根。疣状突起呈莲座状排列，灰绿色或绿色，被有白粉，上扁平或稍凹，平滑，疣突间和顶部有白色或淡黄色茸毛。花白色、淡黄色、粉色或紫红色。变种及园艺种有花牡丹（其变种有雅牡丹、青瓷牡丹、怒涛牡丹、菜花牡丹等）、玉牡丹及其斑锦、缀化等。

怒涛牡丹

玉牡丹

花牡丹

三角牡丹锦

龙牙牡丹

三角牡丹缀化

三角牡丹
Ariocarpus retusus ssp. *trigonus*

三角牡丹

为岩牡丹的一个亚种。疣突呈狭长的三角形，向内弯曲，表面光滑，灰绿色，稍被白粉。花乳白色至淡黄色。

变异种有龙牙牡丹、红花三角牡丹及其缀化、斑锦等。

龟甲牡丹
Ariocarpus fissuratus

龟甲牡丹

植株呈垫状生长，单生，偶尔丛生。顶部扁平，中心的生长点及附近有浓厚的白色或黄白色茸毛，具坚硬而厚实的短三角形疣突，其表皮皲裂成不规则的沟，但中间一条纵沟直指疣腋并密生短绵毛。刺座生于疣突尖，但无刺。花顶生，钟状，粉红色至紫红色。

龟甲牡丹的亚种、变种及园艺种有连山牡丹（*A. fissuratus* var. *lloydii*，有些文献将其列为单独的一个种，学名也变更为 *Ariocarpus lloydii*）、勃氏牡丹（*A. fissuratus* ssp. *bravoanus*，有些文献将其单独列为一个种，学名也变更为 *Ariocarpus bravoanus*）、欣顿牡丹（*A. fissuratus* var. *hintonii*，有些文献将其作为勃氏牡丹的亚种，学名变更为 *Ariocarpus bravoanus* ssp. *hintonii*）以及'格拉斯牡丹''志贺牡丹'等，有的亚种还有变种，像连山牡丹就有大疣连山、连山锦等。

连山牡丹　欣顿牡丹

'格拉斯牡丹'　欣顿牡丹锦

龙舌兰牡丹
Ariocarpus agavoides

龙舌兰牡丹

原产墨西哥的塔毛利帕斯州、圣路易斯波托西。细长的疣突排成莲座状（很像龙舌兰属植物中的某些品种），表面粗糙，暗绿色，顶端有茸毛。花紫红色。园艺种有'短疣龙舌兰牡丹'等。

龙角牡丹
Ariocarpus scapharostrus

龙角牡丹

疣三角形，狭而长。花紫红色。园艺种有'短疣龙角牡丹''姬龙角牡丹'等。

黑牡丹
Ariocarpus kotschoubeyanus

黑牡丹

具肥大的直性肉质根。植株初为单生，成年后会在基部萌发仔球，呈丛生状。疣三角形，中间具沟，沟内密生细短的茸毛，表皮粗糙，墨绿色至黑色。花紫红色，钟状。变种有'象足黑牡丹''涟牡丹'等，并有斑锦、缀化等变异品种。

'涟牡丹'

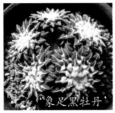
'象足黑牡丹'

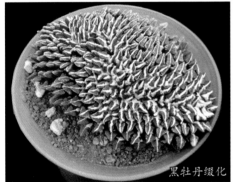
黑牡丹缀化

姬牡丹
Ariocarpus kotschoubeyanus var. *macdowellii*

姬牡丹

为黑牡丹的矮性变种。疣较小，表面灰绿色，稍光滑。花紫红色。此外，还有'白花姬牡丹'以及缀化、斑锦等变异品种；还有人用姬牡丹与象牙牡丹杂交，也获得成功。

白花姬牡丹

星球属（Astrophytum） 也称有星属。植株单生（园艺种也有群生株），扁球形至圆柱形、棱柱形乃至多分枝的珊瑚形。棱少，表皮绿色，簇生丛状卷毛。花漏斗状，黄色或喉部红色（园艺种也有红色或橙色品种的花）。星球属植物种类虽不多，但园艺种极为丰富。

原产墨西哥，夏型种，用播种或嫁接、扦插繁殖。

兜
Astrophytum asterias

兜

'连心兜'

'花园兜'

'碧琉璃龟甲兜'

'昭和兜'

也叫星球。球体呈球形或扁圆球形，一般8棱，个别会出现4~7棱和9~13棱，棱背中央有绒球状刺座，并零散分布着白色丛状卷毛（星）。花通常为黄色，喉部红色；也有红色的，称为"赤花兜"。其园艺种和变种极为丰富，有斑锦、缀化、石化、红叶（植株呈红色或紫色，在冷凉季节和生长点附近尤为明显）等多种变异，有'花园兜''超兜''连心兜''V字兜''琉璃兜''海星兜''龟甲兜''昭和兜'等品种。

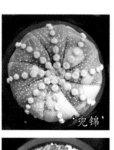
'兜锦'

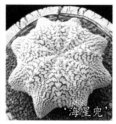
'海星兜'

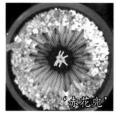
'赤花兜'

'V字兜'

鸾凤玉
Astrophytum myriostigma

鸾凤玉锦

植株单生，初呈球状，长大后为柱状，棱脊锐而直，其中五棱的最为常见，其他还有三棱（三角鸾凤玉）、四棱（四角鸾凤玉，也称四方玉）、六棱、两棱、螺旋棱等，有些棱与棱之间还有小棱（称复棱或也称复隆、腹隆、腹棱，其上有生长点，能够开花）。植株表面绿色，分布有白色星点，另有表皮无白色星点的琉璃型鸾凤玉和星点大而密的恩冢型鸾凤玉；花以黄色为主，兼有白、红等颜色。有缀化、斑锦、石化、红叶等多种变异现象。

三角鸾凤玉锦　　二角鸾凤玉

红叶鸾凤玉缀化锦　　恩冢鸾凤玉

螺旋鸾凤玉　　复棱鸾凤玉

龟甲鸾凤玉　　奇岩鸾凤玉

红叶龟甲鸾凤玉

美杜莎
Astrophytum caput-medusae

美杜莎

具萝卜状块根。肉质分枝向外扩散，形成独特的章鱼爪状株型，就像古希腊神话传说的蛇发女妖"美杜莎"，这就是其名称的由来。花黄色，散发出似有若无的清香。

瑞凤玉
Astrophytum capricorne

瑞凤玉

单生，具8条棱缘尖锐的棱，表皮灰绿色，具白色鳞片状茸毛。扁刺呈不规则弯曲。花黄色，喉部红色。变种有大凤玉、群凤玉、伟凤玉、凤凰玉等。

群凤玉

大凤玉

般若
Astrophytum ornatum

般若

幼株球形，成株圆筒形；具 7~8 条棱，暗绿色，被银白色星状毛或小鳞片，刺黄褐色至褐色。花大型，黄色。

金琥属（*Echinocactus*） 原产美国和墨西哥，球体多为单生，除金琥及其变种外，还有岩、春雷、弁庆、大龙冠、龙女冠、凌波、神龙玉、太平丸、广刺球等种类以及大量的园艺种。

金琥属植物均为夏型种，可用播种或嫁接、扦插繁殖。

金琥
Echinocactus grusonii

金琥

球体多为单生，最大直径可达 80 厘米或更大，顶部密被金黄色绵毛，具 21~37 条棱。刺强大，初为黄色，以后逐渐转为褐色。花生于顶部绵毛丛中，黄色，钟状，花筒被有尖鳞片。

变种有刺呈白色的'白刺金琥'，刺弯曲、中刺宽大的'狂刺金琥'，刺很短的'短刺金琥'（'裸琥'）等，此外每个变种还有斑锦、缀化、石化等变异品种。

白刺金琥　狂刺金琥

金琥缀化　金琥锦

裸琥　裸琥缀化

龙女冠

大龙冠
Echinocactus polycephalus

大龙冠

凌波
Echinocactus texensis

绫波

主要分布在美国西南部和墨西哥北部，老株易群生，植株初为球形，以后逐渐呈圆筒状。棱13~21条，棱缘微呈波浪状。刺强大，粉灰色，遇水后为鲜红色，具环纹。花黄色。同属近似种有龙女冠（ *E. xeranthemoides* ）、神龙玉（ *E.parryi* ）等。

单生，扁球形，暗绿色至灰绿色，具13~17条棱。刺座排列很稀，有浓密的毡毛，周刺锥状，黄色，先端红色，中刺扁平，紫红色至暗红色。花铃状，橙红色，花心红色，花瓣先端睫毛状。浆果红色。

变种有墨西哥凌波，还有'王凌波''无刺凌波''剑锋''黄刺凌波''割刺凌波'等一系列园艺种。

'短刺凌波'

'雀舌凌波'

'割刺凌波'

'凌波锦'

翠平丸
Echinocactus horizonthalonius

翠平丸

植株单生，扁球形。表皮蓝绿色，顶部有少量的短绵毛，具低而圆的棱。刺座圆形，刺尖略有弯曲，新刺紫红色，老刺紫褐色，有环纹。花漏斗状，粉红色。果实椭圆形，红色。

近似种及园艺种有小平丸（园艺种有'尖红丸'等）、太平丸、花王丸（太平丸的褐刺变种）、雷帝（太平丸的黑刺变种，又名黑刺太平丸）等，爱好者统称其为"平丸系列"，此外还有斑锦变异品种。

平丸锦

花王丸

雷帝

尖红丸

小平丸

春雷
Echinocactus plameri

春雷

岩
Echinocactus ingens

岩

球体单生，具薄棱，顶部有黄白色茸毛，花黄色。

与春雷近似，但中刺短。春雷、岩、鬼头、弁庆曾经是金琥属的名种，现已归广刺球（*E. platyacanthus*），成为其不同类型。

乌羽玉属（*Lophophora*） 该属植物从美国南部到墨西哥北部都有分布，有乌羽玉、翠冠玉、银冠玉以及有刺乌羽玉（学名 *L. jourdaniana*，别称乔丹乌羽玉）、显疣乌羽玉（学名 *L. koehresii*，别称考氏鱼）等。此外，还有极为丰富的变种、园艺种、杂交种。

乌羽玉
Lophophora williamsii

乌羽玉

别称僧冠掌。老株丛生，具粗大的萝卜状肉质根，单株球体呈扁球形或球形，质地柔软；表皮暗绿色或灰绿色、蓝色、翠绿色。棱垂直或呈螺旋状排列，幼时棱少，以后随着植株的生长，逐渐增加到8~10条宽棱；棱脊平缓，棱分成瘤块状，瘤块低圆。球体顶部的生长点多茸毛，刺座无刺，只有小刷子般的白色或黄白色茸毛。

小花钟状或漏斗形，淡粉红色至紫红色或白色，生于球体顶部。浆果粉红色或红色，棍棒状，内有黑色种子。

变种有仔吹乌羽玉、大型乌羽玉、白肌乌羽玉、蓝肌乌羽玉等，还有园艺种'龟甲乌羽玉''长毛乌羽玉'以及缀化（有宽缀与窄缀之分）、斑锦等变异品种。

本龟甲'等。此外，还有'翠冠玉缀化''翠冠玉锦等'变种以及'长毛翠冠玉''大疣翠冠玉'等园艺种。

'长毛翠冠玉'

金毛翠冠玉

肋骨乌羽玉

乌羽玉缀化

乌羽玉

乔丹乌羽玉

'大疣翠冠玉'

翠冠玉
Lophophora diffusa

翠冠玉

表皮以绿色为主，花白色或黄白色，偶有粉红色。园艺品种很多，多由日本引进，名称也多沿用日本的命名，像'小池浓绿''村主云海''仲

银冠玉
Lophophora fricii

银冠玉

球体呈扁球形，表皮蓝绿色至灰绿色，被有薄薄的一层白粉，顶部的毛又白又厚。花粉红色、紫红色或淡

黄白色有深色中条纹。变种有白花银冠玉，园艺品种有'巨疣银冠玉''垂疣银冠玉''小疣银冠玉''龟甲银冠玉''古田贝疣''格子银'，还有斑锦、缀化等变异。

格子银

银冠玉锦

疣银

古田贝疣银冠玉

银冠玉缀化

斧突球属（*Pelecyphora*）　该属植物仅产于墨西哥西部的奇瓦瓦沙漠，具粗大的肉质根。斧状疣突螺旋排列，顶端截形，有长的栉形刺座。花钟状至漏斗状，以红色为主。

精巧球
Pelecyphora aselliformis

开花的精巧丸

锤状，深绿色，均匀分布有狭长的手斧状疣突，刺座长有篦齿状排列的白刺。花粉红色至桃红色。有缀化品种'精巧丸缀化'。

群生精巧丸

'精巧丸缀化'

别称精巧丸。老株群生，实生植株具萝卜状肉质根。肉质茎球状或棒

银牡丹
Pelecyphora strobiliformis

银牡丹

别称松果仙人掌、松球玉。肉质茎球形或圆筒状，有肥大的肉质根。鳞片状的疣突灰绿色。花着生于球体顶部的疣突腋间，紫红色。有缀化、斑锦等变异品种。

皱棱球属（*Aztekium*） 原产墨西哥高原，生长在布满石灰岩质石块的陡峭石壁上，生长极为缓慢，在野生状态下一年仅生长0.1厘米。有花笼（*A. ritteri*）、欣顿花笼（*A. hintonii*）、红笼（*A. valdezii*）等3个物种。

繁殖以播种和嫁接为主。

花笼
Aztekium ritteri

花笼

别称皱棱球，俗称"老花笼"。实生植株具相对粗大的肉质根。茎扁球状，细小的刺座生于棱脊上，刺座上有短绵毛。表皮近似于草绿色，无光泽，从棱脊开始，有无数条横向的折皱。花钟状，顶生，花瓣白色，外瓣略微带点儿粉红色。变型有大玉花笼以及斑锦品种'梦之花笼'和缀化品种'花笼冠'。

红笼

欣顿花笼

薄页花笼
Geohintonia mexicana

薄页花笼

别称薄叶花笼，但并不是皱棱球属植物，而是乔治欣顿属植物。该属只有薄页花笼一种，一般认为是欣顿花笼与其他种类杂交的产物。花紫红色。

松露玉
Blossfeldia liliputana

松露玉

松露玉属植物，是仙人掌科已发现植物中形体最小的（也有文献说是士童是最小的仙人球）。实生植株生长极为缓慢，具粗大的肉质主根，以帮助植株附在原产地的峭壁上、石缝中。肉质茎球形或扁球形，易群生。单球直径1~1.6厘米（嫁接的植株因养分供应充足，直径可达2厘米或稍大），表皮灰绿色，不分棱，也无疣状凸起。刺座呈不规则的螺旋状排列，有很短的白色绵毛，但无刺。花着生于上年的刺座中，很小，白色至淡黄色，春季开放。缀化变异品种有‘松露玉缀化’，其肉质茎扁平生长，呈扇形。

夏型种，用播种、分株或嫁接繁殖，分株时应带有根系，扦插难以生根。

　　士童属（*Frailea*）　植株多为小球形，少有圆筒形，群生或单生，不少种类表皮经阳光照射后呈紫红色、紫褐色，花以黄色为主。有蜈蚣丸（*F. angelesii*）、豹之子（*F. pygmaea*）、狼之子（*F. ritteri*）以及狸之子、狐之子、熊之子、貂之子、虎之子、狮之子、青蛙之子、龟之子、鹤之子、天惠丸、紫云丸、海流沙等种类。

　　士童属植物原产巴西南部和巴拉圭北部，夏型种，繁殖以播种为主。

士童

Frailea asterioides，异名 *F. castanea*

士童

'大型士童'　　'士童缀化'

海流沙　　蜈蚣丸

豹之子　　狼之子

紫云丸　　龙之子

士童属植物。直根性小型种，植株扁球形，绿色至绿褐色、褐色，棱10~15条。棱脊低平，刺初为红色，后变黑。花黄色，花檐短，被褐色短毛，在全光照下才能开花，否则闭花受精（即花朵不打开，在其内部自花授粉）。果实多汁，果壁薄。园艺种有'大型士童''艳肌士童'以及缀化、斑锦等变异品种。

月世界属（*Epithelantha*） 原产墨西哥北部，植株小球状或圆柱状。疣突细小，呈螺旋状排列。刺细小，几乎将球体包裹。花漏斗状，白色或淡粉色，果实棍棒状。有天世界、乌月球、魔法之卵、姬世界等种类。

姬世界

月世界
Epithelantha micromeris

月世界

　月世界属植物。具粗壮的肉质根。肉质茎呈球状或圆筒状，单个球体直径3~3.5厘米；顶部稍平，生长锥附近有少量的白色短茸毛。无棱，球体遍布细小、呈螺旋状排列的小疣突，疣突顶端有刺座。白色或微黄色刺呈辐射状生长，虽细小，但数量很多，且排列密集，几乎覆盖整个球体。小花象牙白色或粉红色。果实细棒状，鲜红色。亚种有鹤之卵（*E. micromeris* ssp. *polycephala*），变种有'月世界缀化''月世界锦'等，近似种有小人之帽（*E. bokei*）等。

小人之帽
月世界的果实

小人之帽缀化

娇丽球属（*Turbinicarpus*）　原产墨西哥东北部，植株球状或短圆柱状，幼株单生，成株群生。球体布满低矮的疣突。刺座生于疣突顶端，刺卷曲而扁平。花漏斗状，有黄、粉、白、紫红等颜色。

娇丽玉
Turbinicarpus lophophoroides

娇丽玉

　肉质茎球形，顶部有绵毛。棱被分割成柔软的小疣突。刺扁平，柔软易卷曲，花象牙白色。另有近似种赤花娇丽玉（*T. alonsoi*）及其缀化、斑锦变异。

赤花娇丽玉

赤花娇丽玉缀化

长城球
Turbinicarpus pseudomacrochele

长城丸

别称长城丸。植株球形或圆柱形，实生株具粗大的萝卜根，成株生长点附近密生白毛。刺弯曲。花瓣粉红色，有白色边缘。变种有迷你牧师（*T. pseudomacrochele* var. *minimus*），迷你牧师的变种则有'小人之树'。

迷你牧师　　　'小人之树'

升云龙
Turbinicarpus klinkerianus

升云龙

花米黄色或象牙白色，有时外瓣有褐色中脉，花期春至秋。近似种有升龙球（*T. schmiedickeanus*）和赤花升龙球（*T. schmiedickeanus* ssp. *rubriflorus*）等。前者花白色，有洋红色中脉，花期冬天及早春；后者花瓣粉红色，有深色中脉。

蔷薇球
Turbinicarpus valdezianus

蔷薇球

别称蔷薇丸。植株初为单生，多年生植株会长成群生状，具粗大的肉质直根。肉质茎球状或长球状，表皮蓝绿色，棱全部被四角状的疣突分解，疣突螺旋状排列，顶端截形。刺座水平方向排列，细发状软刺白色，多而密，几乎将整个球体覆盖。花着生于球体顶部，粉红色至紫红色，果实陀螺形。变种有白花蔷薇球以及缀化品种。

白花蔷薇球

菊水
Strombocactus disciformis

菊水

　　菊水属植物。植株具肥大的萝卜根，肉质茎扁平球状，表皮绿色或灰绿色，有螺旋状排列的菱形瓦状结节。花白色。另有开红色花的赤花菊水（*S. pulcherrimus*）。

精巧殿
Turbinicarpus pseudopectinatus

精巧殿

菊水缀化

赤花菊水

　　蔷薇球的近似种，花紫红色。变种有'白花精巧殿'；石化变异品种'王冠精巧殿'，刺座呈羽毛状。

习志野
Tephrocactus geometricus

王冠精巧殿石化

习志野

　　球形节仙人掌属植物。肉质茎小球状，呈团簇状生长，表皮灰绿色或蓝色，在阳光充足的情况下，会变成红紫色。棘刺比较细，帖服并向下。花淡粉色或白色，有深色的中脉。有变种'无刺习志野''狂刺习志野'等。

'狂刺习志野'

武藏野

Tephrocactus articulatus，异名
Opuntia articulata

武藏野

环形节仙人掌属植物。肉质茎分节，不分棱，灰绿或褐绿色。刺座有褐色钩毛，刺纸质，白色或褐色。

花白色至粉红色。变种有'长刺武藏野''姬武藏野'等。

有些文献将其归为仙人掌属（*Opuntia*），学名也作了相应的改变。

足球团扇

Maihueniopsis bonnieae

足球团扇

Maihueniopsis 植物。植株丛生，具肥大的肉质根，瘤块状的疣将球体分割呈类似足球般的纹路，表皮深绿色。刺褐色，趴在刺座上。花红色或粉白色，有文献将其归为 *Puna* 属。

隐果球

Yavia cryptocarpa

隐果球

别称隐遁球或隐遁丸，其属名"Yavia"是阿根廷的一个地名，即该

植物的原产地；种名"cryptocarpa"意为隐果，指其会把果实隐藏在茎里加以保护，在原产地，植株几乎全部躲在土里，只有在生长期，吸足水分后茎膨胀，才会露出土面，隐藏的果实也在此时被挤出。但在人工栽培的环境中，这种现象往往会消失。植株具肥大的肉质根，球状或圆筒状。刺座上有深褐色毡毛，短刺灰白色。花粉红色。

夏型种，可通过播种或嫁接繁殖。

裸萼球属（*Gymnocalycium*）"裸萼"是指"萼片表面无毛无刺，十分光滑"，这是该属植物的主要特征。大多数为球形或扁球形，棱数少，棱脊圆，刺座之间有横沟或颜色不同的横带，刺长短不一。花顶生，花托筒附很大的鳞片，无毛无刺，花色以白、粉红为主，黄色花很少。原产阿根廷以及乌拉圭、巴拉圭、玻利维亚、巴西的部分地区，除原生种外，变种及杂交种、园艺种也相当丰富。

海王球
Gymnocalycium denndatum

海王球

伏刺海王球　短刺海王球锦
白花海王球　美花海王球
圣王球　圣王球锦

球体扁平，绿色。刺黄色或象牙白色，卷曲地贴于球体表面。花白色或红色、粉色。有狂刺、蝎刺、伏刺、短刺、豪刺以及以观花为主的美花海王球等类型。变异品种有斑锦、缀化等。同属中近似种有圣王球等。

牡丹玉
Gymnocalycium mihanovichii var. *friedrichii*

牡丹玉

绯牡丹锦

绯牡丹锦

紫牡丹

绯牡丹锦

瓦格牡丹

牡丹玉缀化

　　瑞云牡丹的变种。植株球形至筒形，具棱。体色暗绿色至紫色，有横向的肋骨纹。其园艺种繁多，有'肋骨牡丹''紫牡丹''瓦格牡丹'及斑锦、缀化、石化等变异。斑锦类颜色尤其丰富，有红、橙黄、粉红、白色，乃至复色。花色则有白、浅绿、粉红、红等。其中的'绯牡丹锦'球体由不同的颜色组成，斑斓多彩，惹人喜爱。此外，还有与量天尺的嵌合体'龙凤牡丹'。

　　夏型种，繁殖可用播种、扦插、嫁接等方法。

肋骨牡丹

绯牡丹石化

绯花玉
Gymnocalycium baldianum

绯花玉

　　植株呈扁球形，表皮墨绿色。花生于球体顶端，花色有白、粉红、深红、绿等颜色，并有重瓣花，夏季开放。变异品种有'绯花玉缀化'‘绯花玉锦'。同属中有翠晃冠（G. anisitsii）等近似种及其石化、缀化、斑锦变异品种。

spegazzinii spp.tilcarense）及其斑锦变异。‘新世界'刺稍粗，暗灰色，略带桃红色。

翠晃冠石化

绯花玉缀化

‘新世界'

‘新天地锦'

翠晃冠缀化

光淋玉
Gymnocalycium cardenasianum

光淋玉

新天地
Gymnocalycium saglionis

新天地

植株单生，扁球形，表皮暗绿色。刺较长，有的卷曲。花白色至淡粉红色。园艺种有‘豪刺光淋玉'以及斑锦品种‘光淋玉锦'。

植株扁球形至圆球形，深绿色至蓝绿色，棱呈圆瘤状，刺黄棕色至黑褐色。花钟状，白色至淡粉红色。有斑锦、缀化等变异品种。此外，还有强刺近似种‘新世界'（G.

‘光淋玉锦'

碧岩玉
Gymnocalycium hybopleurum，异名 *G. ambatoense*

碧岩玉

植株球状至扁球状。刺强大，灰白色。花白色或淡粉色。

伏刺碧岩玉

天平球
Gymnocalycium spegazzinii

'白刺天平'

别称天平丸。扁球形，表皮暗绿色至紫色。刺多而直，花白色至淡粉色。有'白刺天平''猫爪天平''豪刺天平'等品种。

'猫爪天平'

瑞昌玉
Gymnocalycium quehlianum

'瑞昌玉锦'

植株球状，具圆形疣突。刺紧贴着疣，刺先端白色，靠近刺座端棕色。花白色或红色。变种有'瑞昌玉锦''白刺瑞昌玉'以及其他一些园艺种，其中有些命名还有着较大的争议。

瑞昌玉

一本刺
Gymnocalycium vatteri

一本刺

植株扁球形，墨绿色。一般有 3
根刺，但随着时间的推移，边缘的两
根刺会脱落，只剩下一根较长的刺。
花白色至淡粉色。其近似种和杂交种
园艺种很多，像三刺玉、春秋之壶等。
斑锦变异品种有'三刺玉锦'。

三刺玉

三刺玉的花

一本刺锦

凤头
Gymnocalycium asterium

凤头锦

植株扁球形，灰绿色。辐射状刺
3~5 枚，新红刺褐色，老刺灰褐色。
花漏斗形，白色，有淡褐色中脉。园
艺种有'黑刺凤头''豪刺凤头''凤
头锦'等。

黑刺凤头

多棱球属（*Stenocactus*） 原产墨西哥的沙漠地带。植株球形或圆筒形，棱多而薄，呈波浪形弯曲。刺座排列稀，刺的多少因种类不同而异。花钟状或广漏斗形，花瓣具深色中条纹。有缩玉、龙舌玉、多棱玉、瑞晃龙、振武玉、千波万波等种类，以及一些变种和园艺种。有些文献的多棱球的属名为*Echinofossulocactus*，其种的拉丁名也作了相应的变化。

五刺玉
Stenocactus pentacanthus，异名 *S. obvallatus*

五刺玉锦

植株单生，圆球形至椭圆球形，特色青绿，具25~50条棱缘波折弯曲的薄棱。棱上刺座稀，扁刺褐色。花漏斗形，浅紫色带深紫色中脉。斑锦变异品种为'五刺玉锦'。

多棱玉
Stenocactus multicostatus

多棱玉

分布于墨西哥中北部，其种名拉丁语的意思是"很多的棱，很多的沟槽"，植株球形或短圆筒形，具排列紧密的薄棱，棱数100或更多。刺较短，顶毛不多。花着生于球体顶部刺座中，白色，带有紫红色中脉。

变种'千波万波'（*S. multicostatus var. elegans*），其棱细而密集，棱数达180。刺座稀疏，刺细长，顶毛较多，呈雪白色。

园艺种'无刺多棱玉'，其棱酷似一个个游动的小蝌蚪，被戏称为"小蝌蚪"。

'千波万波'　'无刺多棱玉'

振武玉
Stenocactus lloydii

武振玉

植株短球形或圆筒状。辐射刺针状，白色，中刺宽扁褐色。花白色，具紫色中斑。有'纸刺武振玉''狂刺武振玉'等，近似种有立刺玉（*S. arrigens*）等。

纸刺武振玉

庆松玉
Glandulcaatus crassihamatus

庆松玉

有腺玉属植物。植株球形至短圆筒形，暗灰绿色。刺坚硬而强大，刺色暗红与黄白交替。花紫红色。

花座球属（*Melocactus*） 该属植物俗称"云球类"。最主要的特征是植株成熟后顶端会长出由茸毛和刚毛组成的台状花座（俗称"起云"）。花就开在"云"的上面，花朵不大，以粉红色为主，能够自花授粉。果实棍棒形或长卵圆形，红色。"出云"后，球体不再长大，但"云"仍可以不断生长，甚至超过球体的高度。

全属有30种左右，可分为山地型种类和海岛型种类两大类。前者产于安第斯山区北部和墨西哥以南山区，其特点是球体不大，表皮较厚，有些种被有白粉，花座较低，耐寒性较强；后者产于加勒比海岛屿及附近的沿岸。

 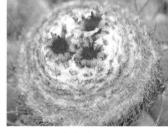 

花座球彩云的"云"　　花座球的花　　花座球景观

魔云
Melocactus matanzanus

魔云

植株球形。新刺红褐色，老刺灰白色，花座上的刺和刚毛均为橘红色。花玫瑰红色，果实棍棒状，淡红或白色。

夏型种，用播种或嫁接繁殖。

仙人球属（*Echinopsis*） 也称海胆球属，该属植物种类繁多，据有关资料介绍，有50~120种。此外，还有极为丰富的园艺种，像"彩草"系列品种。花色除白色外，还有粉红、深红、紫红、黄、橙黄等多种颜色，并有重瓣花型。其中由鲍勃·希克（Bob schick）选拔培育的125种跨属杂交的彩草品种被称为"席克氏"系列，其花朵硕大、色彩和花型都较为丰富，花瓣还有金属般的光泽；而在"席克氏系列草球"基础上选育出的"席克氏杂"，更是丰富了草球的品种，甚至还出现了具有香味的品种。

草球
Echinopsis tubiflora

彩草

彩草

草球

彩草

别称仙人球、花盛球、美花球、美花玉。植株初呈球形，以后逐渐呈圆筒状。在原产地或温室地栽的环境中，其高度可达 75 厘米，直径也有 12~15 厘米。球体暗绿色。刺锥状，黑色，较为坚硬。花生于球体的侧上方，夏秋季节开放，常数朵同时开放，花大型、喇叭状，具长筒，白色，直径 10 厘米左右，通常在傍晚前后开放，次日上午凋谢。

夏型种，可用扦插、分株、播种繁殖，对于一些优良品种，亦可嫁接繁殖。

仙人球是仙人掌科植物的代表种之一，凡是植株呈球状或近似球状的种类都可称为"仙人球"，这就是广义上的仙人球概念，而狭义上的"仙人球"则单指草球。

短毛球
Echinopsis eyriesii

短毛球

植株球状，群生。刺较短。花白色至粉红色。斑锦变异品种'世界图'。

席克氏

草球锦

短毛球

世界图

剑芒球
Echinopsis obrepanda

剑芒球

别称剑芒丸。一般认为本种是仙人球属与丽花球属植物自然杂交的产物，具有仙人球习性强健、栽培容易的特点，又有丽花球色彩艳丽、花型花色丰富、花朵硕大等特点，花色有白、粉、红、黄、橙等颜色。

剑芒球

剑芒球

剑芒球

丽花球
Lobivia sp.

脂粉丸

丽花球属植物。植株单生或群生，棱沟很浅，棱又横分为不明显的斧状突起。刺细，但数量多。花钟状或漏斗状，颜色有白、红、紫红、黄、橙、粉等颜色。

有些文献已将丽花球属取消，把其大部分种类并入仙人球属，但这种合并还没有得到普遍认可，"丽花球属"一词在不少地方仍在继续使用。常见品种有脂粉丸、黄昭和等。

黄昭和

日出

葵丽花

荷花球

荷花球

丽花球属植物。植株球状或短柱状，绿色。花朵硕大，白色，具红色斑纹或镶边。升级版'黄金荷花'，花色红黄相间。其花色跟种植条件有很大关系，刚种时营养供不上，花呈红色，等根系发育良好、吸足养分后，才能呈现出黄、红相间的绚丽色彩。

夏型种，繁殖以嫁接、扦插为主。

'黄金荷花'

毛花柱
Trichocereus pachanii

毛花柱

毛花柱属植物。植株呈矮性圆柱状，分枝在基部，棱多。花生于茎的上侧，大型，钟状至漏斗状，有白、红、黄等颜色。其杂交种很多，其中的'飞碟'（*Echinopsis hybrid* 'flying saucer'）为仙人球与毛花柱的杂交种，植株呈柱状，花瓣平展，呈碟状，花色以红色为主，兼有粉红等其他颜色，具有花朵硕大、开花量大等特点。

有学者认为，毛花柱属应划归仙人球属，但这种分类存在着较大的争议。

夏型种，用扦插或嫁接、播种繁殖。

蓝柱
Pilosocereus pachycladus

蓝柱

别称蓝立柱、金青阁，毛花柱属植物。肉质茎具棱，蓝色，被有白粉。

花白色，有芳香。

原产巴西，夏型种。播种或扦插繁殖。

毛花柱属植物。植株柱状，易从基部分枝，表皮蓝色至蓝绿色。刺生于老茎的下部，较长。斑锦变异品种有'程成柱锦'。

程成柱
Trichocereus bridgesii，异名
Echinopsis bridgesii

程城柱

群生程城柱

鹿角柱属（*Echinocereus*） 俗称"虾属"，植株球状或短柱状，直立或横卧生长，多数种在基部有分枝；刺密集，有些种刺在不同的季节呈现不同的颜色。花大型，生于茎上侧部，色彩丰富，除红、粉、白、黄等常见的颜色外，还有绿色。全属有60余种，还有一些园艺种。

夏型种，用扦插或播种分株繁殖。

美花角
Echinocereus pentalophus

美花角

别称花簪、美花阁。肉质茎棱柱状绿色，花朵硕大，花色玫瑰红色或深粉红色，中间白色。变种有白花美花角，近似种有金龙（学名 *E. berlandieri*，别称卜虾、伯氏鹿角柱）。

金龙

宇宙殿
Echinocereus knippelianus

宇宙殿

　　幼株圆筒形，成年柱形，深绿色，具肥厚的直棱。毛状刺易脱落。花侧生，有紫红、粉、白等颜色。

太阳
Echinocereus rigidissimus

太阳

　　别称紫太阳、红太阳。植株柱状。密布篦齿状刺，新刺红色或紫红色，老刺则为灰白色或白色，因此生长点附近的颜色极为鲜艳。花红色或白色。有缀化、斑锦等变异种。

　　太阳原产墨西哥北部的奇瓦瓦省，夏型种，用播种、嫁接或扦插繁殖。

微刺虾
Echinocereus subinermis

微刺虾

　　植株柱状，表皮青绿色，具5~7条棱。花黄色。

青花虾
Echinocereus viridiflorus

青花虾

太阳缀化

易群生，植株短柱状，具棱8~12条。刺长短不一。花青绿色。另有达氏青花虾（*E. davisii*）。

夏型种，生长期要求有充足的阳光，以保证开花。可用播种或嫁接扦插繁殖。

达氏青花虾

银钮
Echinocereus poselgeri

银纽

播种繁殖的实生柱具肥硕的肉质根，茎细柱状，深绿色，刺灰白色、棕褐色，紧贴在茎的表面生长。花粉红色至紫红色。

夏型种，用播种或扦插繁殖。

摺墨
Echinocereus melanocentrus

摺墨

别称擢墨。肉质茎柱状，有少量的分枝。刺白色，有黑尖。花紫红色。

桃太郎
Echinocereus 'Momotaro'

桃太郎

由鬼见城与美花角杂交选育而成。植株多分枝，易丛生，肉质茎柱状，具5~7条棱，基本无刺。花大型，有红、深粉红色等颜色，而且开花量大。

夏型种，用扦插或嫁接繁殖。

顶花球属（*Coryphantha*）　也称菠萝球属，植株球状或圆筒状，单生或群生。球体被大而长的疣突包围。花顶生，钟状或漏斗状，有红、粉、白、黄等颜色。有天司球、黑象球（类似的还有魔象球）、大祥冠、巨象球、玉狮子、杨贵妃等种。

象牙球
Coryphantha elephantidens

‘大疣象牙球’

‘无刺象牙球’

‘短豪刺象牙球’

‘象牙球锦’

象牙球

别称象牙丸。植株呈球状或扁球状，表皮深绿色，疣突大而突起，圆形，不分棱，疣突的腋间有白色至灰白色绵毛，球体顶部生长点附近的绵毛更多。刺座位于疣突的顶端，椭圆形，新刺座也有绵毛，刺形和颜色都酷似象牙。花生于疣腋间，夏季开放，粉红色，有暗红色条纹，另有白花、红花、黄花的园艺种。斑锦品种为‘象牙球锦’，园艺种有‘黑刺象牙球’‘短豪刺象牙球’‘无刺象牙球’等。

夏型种，用播种或嫁接、扦插繁殖。

天司丸
Coryphantha bumamma

天司丸

易发子球，植株筒状，花黄色。

钢钉球
Coryphantha tripugionacantha

钢钉球

原产墨西哥。植株球形或短圆筒形，具凸起的瘤块。刺威猛而强健，有着"顶花球之王"的美誉。花黄色或红色。

孤月球
Escobaria abdita

孤月

原产墨西哥的科阿韦拉州，松球属植物。每个刺座有 10~20 根白色径向刺，绝大多数无中刺。花白色至粉白色，花期夏季。

紫王子
Escobaria minima

紫王子

松球属植物。肉质茎小球形，初为单生，以后逐渐呈群生状。具凸起的小疣。新刺象牙白。花紫红色。

白檀
Chamaecereus silvestrii，异名
Lobivia silvestrii

白檀

白檀属植物。植株丛生，具细圆筒状肉质茎，初直立生长，以后匍匐生长。花漏斗状，橙红至鲜红色，初夏绽放。其斑锦变异品种叫'山吹'；缀化变异品种'白马'，肉质茎扁平，扭曲盘旋，形似鸡冠，故也称鸡冠掌。

在国外，白檀与其他仙人掌科植物远缘杂交后，培育出了许多新的品种，其花朵更大，花色也较为丰富，出现了黄花、紫红以及一朵花开出两种颜色的复色花，而且开花也更勤。

杂交白檀

'山吹'

强刺球属（*Ferocactus*）　该属植物原产美国和墨西哥，大型球状或圆筒状，最高可达3米，棱突出。刺座很大，刺强大而坚硬，中刺常有环纹且先端有钩，颜色丰富，大致可分为红刺系、黄刺系、褐

'无刺王冠龙'

刺系等系列。花顶生，漏斗状，以红、黄色为主。有趣的是，某些强刺球的园艺种刺已经退化，变得极小，如果不仔细观察，几乎看不到，像'无刺王冠龙'，尽管如此，它们仍被划归"强刺球属"。

强刺球属的花

强刺球的刺

江守玉

日之出
Ferocactus latispinus

肉质茎扁球形，刺红色，中刺宽而强健，先端带钩。花红色中带有黄色。变异种有'日之出锦''日之出缀化'以及黄刺品种'金致玉'等。

日之出

'日之出锦'

'日之出缀化'

刈穗玉
Ferocactus gracilis

刈穗玉

植株单生，暗绿色，具 15~20 条棱脊较薄的棱，新刺淡红色，老刺鲜红色。钟状花，淡紫红色，春夏季节开放。变种有神仙玉（也有文献认为两者是同一物种）。

神仙玉

赤凤
Ferocactus pilosus

赤凤

俗称"红琥"。植株单生，圆球形或短圆柱形，暗草绿色，具 12~20 条棱脊较薄、刺座突起的棱，周刺 5 枚，中刺 4 枚，新刺紫红色，老刺颜色暗而淡。花钟状，橙红色。

半岛玉
Fcrocactus peninsulae

半岛玉

强刺球属植物。植株单生，圆球形至筒形，球体暗绿色，具 13~15 条棱，刺座排列较稀，黄白色周刺 9~11 枚，红褐色中刺 5 枚，其中向下的 1 枚较为宽大，先端具钩。花钟形，黄色花瓣带紫色条纹。

巨鹫玉
Ferocactus peninsulae

巨鹫玉

植株初为圆筒形，成株则为短圆柱形，棱脊高而薄，刺座大而突出，新刺红褐色，老刺灰褐色；花黄色，有红色条纹。有斑锦变异品种。

植株球形或扁球形，刺黄色，新刺基部红色；花深粉红色，有紫红色中斑。某些园艺种花为淡粉色，甚至白色，有粉色中脉。

巨鹫玉的花

赤城

赤城
Ferocactus macrodiscus

赤城

烈刺玉
Ferocactus rectispinus

烈刺玉

植株筒状，茎灰绿色、具棱。刺黄色，最长达15厘米。花黄色，有暗色中脉。

宝山属（*Rebutia*）与沟宝山属（*Sulcorebutia*）　两属形态相近，主要区别是沟宝山属刺座排列较为整齐，犹如两面齿的篦子。也有文献认为沟宝山属是宝山属的一个分支，将其归在宝山属。宝山属也称

子孙球属。植株易群生，球形或圆筒形，棱分裂成无数小疣突，刺刚毛状。花细漏斗状，生于球的基部刺座上，有红、黄、橙、白等颜色。有白花宝山、橙红宝山等种类。

Sulcorebutia gemmae

Sulcorebutia langeri

红花沟宝山

宝山
Rebutia minuscula

别称子孙球，宝山属植物。植株容易形成大群生，球体绿色，扁球形。有细小的螺旋状疣突。花红色，漏斗状，盛开于球体的中下部。有斑锦、缀化等变异品种。

夏型种，可用播种、分株、扦插、嫁接繁殖。

橙红宝山

白花宝山

紫丽球
Sulcorebutia rauschii，异名 *Rebutia rauschii*

紫丽球

沟宝山属植物。植株群生，球状至筒状。球体因光照强度的差异，呈灰绿色至灰红色、黑绿色，光照越强颜色越深。新刺红褐色，老刺黑色。花红色至紫红色。有黑丽球、绿丽球等变型。

夏型种，用分株、播种扦插或嫁接繁殖。

绿丽球

乳突球属（*Mammillaria*）　该属植物主要分布在墨西哥，美国西南部、南美洲北部以及西印度群岛也有分布。其植株不大，呈球形至短圆筒状，多数种类为群生状，少量种类球体单生，有些种类还具有肉质根，没有棱，被排列规则的疣突所包围。刺座生于疣突顶端。花生于疣的腋部。

乳突球属有 200~300 种，不少种类开花鲜艳，花色丰富，花瓣上具有金属光泽，而且容易开花，花期长，开花量大，这类以观花为主的乳突球被称为"美花乳突球"。有一些种类的乳突球刺极具特色，有的刺紧紧贴在球体上，将球体包裹着，像白鸟、春星、羽毛球、克氏球等；还有些种类的刺呈细毛状，看上去球体就像一团棉花，像白星、高砂等。这类以刺为主要观赏点的乳突球被称为"美刺乳突球"。

克氏球
Mammillaria hernandezii

克氏球

别称赫氏球。群生，刺灰白色。花红色。

羽毛球
Mammillaria sanchezmejoradae

羽毛球

别称散知球。群生。刺白色，篦齿状排列。花粉白色，有浅褐色中脉。

羽毛球的花

丰明球
Mammillaria bombycina

丰明球

别称丰明丸。植株群生，疣腋间有浓密的白毛。刺黄色或白色，但有一枚较长的钩状中刺呈褐色。花钟状，紫红色。另有丰明殿（*M. grahamii*），花红色。

佩雷
Mammillaria perezdelarosae

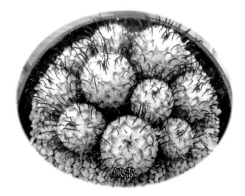

别称明丰丸。植株圆筒形，群生。中刺暗红褐色，先端带钩。花浅粉白色。此外，还有直刺型变种'直刺佩雷'。

白鸟
Mammillaria herrerae

植株球形或短圆柱形。刺座密集，白色刺放射状，将整个球体覆盖。花钟状，粉红色至洋红色。另有白花变种'白鹭'。

白星
Mammillaria plumosa

植株群生，密被羽毛状刺。小花白色，花瓣有时具褐色或红色中脉。园艺种有'粉花白星'等。

'粉花白星'

群生白星

姬春星
Mammillaria humboldtii var. *caespitosa*

姬春星

春星的园艺种。植株群生，球形与白鸟近似，但稍小。刺座排列较稀。花小，花瓣稍尖。

高砂
Mammillaria bocasana

高砂

别称棉花球。群生。刺毛状，白色，密集几乎覆盖球体。花粉红色，果实红色，棍棒状。有石化变异品种'高砂石化'以及园艺种'多毛高砂''白绒高砂'等。

高砂的果实

'多毛高砂'

'高砂石化'

'白绒高砂'

优婉球
Mammillaria deherdtiana

优婉球

花深粉色，花蕊黄色。

丽光殿
Mammillaria guelzowiana

丽光殿

花朵大，深粉红色，近喉部处呈白色，喉部红色。

蓬莱宫
Mammillaria schumannii

蓬莱宫

群生，花深紫红色至粉红色。有缀化及斑锦等变异品种。

蓬莱宫缀化

蓬莱宫锦

富贵丸
Mammillaria tetrancistra

富贵丸

植株球状。中刺褐色，先端具钩。花大，紫红色。

白天丸
Mammillaria albicans

白天丸

植株球状，刺白色。花白色，有粉红色中脉，边缘呈睫毛状。另有白娟丸（*M. lenta*），植株群生，刺白色。

白百合
Mammillaria louisae

白百合

植株球形。花白色，有粉色中脉，雌蕊长而突出则是本种的一个重要特征。

黛丝疣球
Mammillaria theresae

黛丝疣球

植株群生，圆球状或圆筒状，具小而柔软的疣突，表皮深绿色中带有紫红色，在昼夜温差大、阳光充足的环境中，紫红色尤为明显。花紫红色或粉红色、白色。有斑锦及缀化变异品种。

贝氏乳突
Mammillaria bertholdii

贝氏乳突

近年才发现的乳突球属新种。植株小群生状，具肥厚的肉质根，疣平展。刺座生于先端，刺白色，辐射生长，呈梳齿状排列。花紫红色。

松针牡丹
Mammillaria luethyi

松针牡丹

植株群生，疣突排列整齐。刺白色，较短。花深粉红色，中下部白色。

贝氏乳突的花

沙堡疣球
Mammillaria saboae

沙堡疣球

植株群生，球形至圆筒形。刺辐射向四周。花漏斗形，深粉红色。

金星
Mammillaria longimamma

金星

别称蒙天网。群生，具长疣，花黄色。近似种有海王星等。

杜威球
Mammillaria duwei

杜威球

别称杜威丸。植株筒状，群生。辐射刺白色，中刺黄色，先端具钩。花黄色。

姫玉
Mammillaria lasiacantha

姫玉

花白色，具红褐色中脉。

松霞
Mammillaria prolifera

松霞

植株群生，茎筒状。刺褐色。花黄色，有褐色中脉。果子红色，可长期保存在植株上而不脱落。

近似种有金手指，也叫金手球。刺呈黄色，缀化变异品种为'金手指缀化'。此外，还有银手指（*M. gracilis*），也叫银毛球，群生，植株圆筒状，刺白色，有时被当作白鸟。

金手指缀化

金手指

银手指

月影球
Mammillaria zeilmanniana

月影球

　　幼株球状，老株圆筒状，不易生仔球。中刺红褐色，有较长的倒钩。花红色。

芳香丸
Mammillaria baumii

芳香丸

　　植株群生。毛刺白色。花黄色，有芳香。

玉翁
Mammillaria hahniana

玉翁

　　植株球状或椭圆球状。钟状小花红色，呈环状绽放，犹如阳光美丽的花环。其杂交种园艺种很多，并有斑锦、缀化等变异。

　　多用播种繁殖。为了使之提前开花，常用量天尺作砧木进行嫁接。

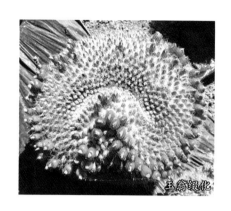

玉翁缀化

别称明香姬、可怜丸、银毛丸。植株群生，墨绿色。刺和毛均为白色。花淡红色。

白玉兔
Mammillaria geminispina

白玉兔

别称白神丸。植株群生。刺座排列密集，中刺浅褐色，其他刺、毛白色。变种有'白刺白玉兔'及'白玉兔缀化'。

马图达
Mammillaria matudae

马图达

别称内里玉。茎柱状，直立或匍匐生长。花红色，呈环状绽放于顶部。

月宫殿
Mammillaria senilis，异名 *Mammillopsis senilis*

月宫殿

明日香姬
Mammillaria gracilis 'Arizona'

明日香姬

别称红花月宫殿、白老球。植株初为单生，后群生，球形至长球形，具柔软的疣突。刺白色或淡黄色。花朱红色，花蕊很长，突出于花冠之外。园艺种有淡粉色花和白花月宫殿。

　　原产墨西哥奇瓦瓦州等地，夏型种，用播种或嫁接繁殖。

　　由于月宫殿的花形与乳突球属的其他种不太一样，曾一度被单列一属，即月宫殿属（*Mammillopsis*），后该属并入乳突球属，学名也作了相应的改变。

白子法师
Mammillaria solisioides

白子法师

　　别称假白斜子。植株筒形，疣突短圆锥形。刺灰白色，呈梳齿状排列。花黄白色。

白斜子
Mammillaria pectinifera

白斜子

　　原产墨西哥中部，植株群生，球形至倒卵圆形，密布疣突。刺座长，着生梳状排列的白刺。花侧生，钟状，淡黄色或浅粉白色。有些文献将其归为白斜子属，学名也变为 *Solisia pectinifera*。

　　夏型种，用播种繁殖。

黑斜子
Reichocactus reichei

黑斜子

　　黑斜子属植物。植株短柱状，具佛头状疣突。细刺黄褐色。花外赤褐色，内黄色，花期初夏。

　　有些文献将该属划归为丽花球属 *Echinopsis*（即仙人球属），拉丁名也作了相应的变更。

月之童子
Sclerocactus papyracanthus

月之童子

白虹山属植物。植株柱状，单生。其最大的特色是纸质刺，刚刚长出的新刺是红褐色，逐渐变成褐色，覆盖着整个植物的顶部。花白色至浅黄色，钟形。

青海波
Opuntia lanceplata f. criatata

青海波

别称木耳掌，仙人掌属植物，千本剑的缀化变异品种。原种植株呈多分枝的乔木状，具扁平的茎节，花黄色。缀化后肉质茎呈鸡冠状，很薄，集成盘旋重叠的山丘状。

夏型种，用扦插或嫁接繁殖。

将军
Austrocylindropuntia subulata，异名
Opuntia subulata

将军

别称将军柱，圆筒仙人掌属植物。植株呈高大的乔木状，高4米左右；有粗壮的主干和向上伸长的分枝；新枝圆筒形，深绿色，无棱，但全为长圆形瘤块所包围。刺座位于瘤块上部，除刺和芒刺外，每个刺座还有一绿色圆柱形肉质叶。花红色。有斑锦、缀化等变异品种。另有小型变种'姬将军'，其茎、叶都较短小。有些文献将其划归仙人掌属，学名也变为*Opuntia subulata*。

原产秘鲁山区，夏型种，用扦插繁殖。

将军缀化

七巧柱
Pygmaeocereus bieblii

七巧柱

巧柱属植物。植株球状或柱状，具瘤状突起。刺灰白色。花生于球体中下部，白色，有芳香，夏秋季节的夜晚开放。

荷花柱
Arthrocereus rondonianus

荷花柱

关节柱属植物。易群生，肉质茎圆柱形。刺黄色。花萼淡黄色，花瓣白色或粉红色。

吹雪柱
Cleistocactus strausii

吹雪柱

管花柱属植物。植株细柱状，密布白色毛、刺。花红色。

猴尾柱
Cleistocactus colademononis，异名
Hildewintera colademononis

猴尾柱

管花柱属植物。分为软毛猴尾柱和硬毛猴尾柱两种类型，植株均呈细柱状，悬垂生长。其中软毛品种的茎稍细，毛长而柔软，不扎手，花稍大；硬毛品种的茎稍粗，毛刺短而质硬，略带黄色。花红色，夏秋季节开放。

黄金纽
Cleistocactus aureispina

黄金纽

　　一般将其归为管花柱属植物。植株丛生，细柱状茎匍匐或下垂或攀缘生长。刺座排列很密，刺色金晃。花侧生，外瓣橘红色，有红色中脉，内瓣淡粉红色。缀化变种'黄金纽冠'。

　　黄金纽的分类比较乱，有的文献将其归为花冠柱属（*Borzicactus*），有的文献则将其作为一个独立的属，即黄金纽属（*Hildewintera*），林林总总，一种植物在不同的文献中就有6个属名。

　　原产玻利维亚，夏型种，用扦插或嫁接繁殖。

'黄金纽冠'

鼠尾掌
Aporocactus flagelliformis

鼠尾掌

　　别称金纽，鼠尾掌属植物。圆柱形肉质茎细长，匍匐或下垂生长。刺座小而排列密集，刺针形，新刺红色，老刺黄褐色。花深粉红色。浆果球状，红色，有刺毛。

黑龙
Pterocactus tuberosus

黑龙

　　翅子掌属植物。具粗大肥硕的肉质根，茎细柱状，丛生，褐绿色。花黄色或浅棕色。种子有很大的翅。

　　原产阿根廷，夏型种，可用扦插或播种繁殖。

龙神柱
Myrtillocactus geometrizans

龙神柱

别称龙神木，龙神柱属植物。产于墨西哥中部。植株呈多分枝的乔木状，肉质茎棱柱状。刺座生于棱缘，排列稀疏。茎表皮光滑，蓝绿色，新茎被有白粉。花朵淡绿色，具芳香。浆果蓝紫色。变种有'福禄龙神柱'以及斑锦、缀化、石化等变异。

夏型种，可用播种或扦插、嫁接繁殖。

龙神柱锦

龙神柱缀化

'福禄龙神柱'

龙神柱的果实

袖浦柱
Harrisiajusbertii，异名 *Pachycereus gaumeri*

袖浦柱

卧龙柱属植物。肉质茎柱状，直立生长。花白色。果实红色。

可用播种或扦插繁殖。与多种仙人掌科植物有着很好的亲和力，且长势旺盛，是很好的砧木。

量天尺
Hylocereus undatus

量天尺

别称三棱箭、霸王花、三角柱、剑花、火龙果，量天尺属攀缘性肉质灌木。具多数分枝，肉质茎有节，截面三角形，深绿色或淡蓝绿色，棱缘波状或圆齿状。花大型，漏斗状，花瓣白色，具清香，夜晚开放。浆果长球形，红色。斑锦变异品种'量天尺锦'。

量天尺与多种仙人掌科植物有着很好的亲和力，而且长势强健，有"万能砧木"之称，可嫁接多种仙人掌科植物。其花可作蔬菜食用，谓之"霸王花"，果实商品名"火龙果"，可作为水果食用。

附生类植物，夏型种，不耐寒，可用播种或扦插繁殖。

量天尺的花　　'量天尺锦'

火龙果

大花蛇鞭柱
Selenicereus grandiflorus

大花蛇鞭柱

别称夜皇后，原产加勒比地区，蛇鞭柱属攀缘性植物。肉质茎细长，可达5米，圆柱形，绿色或灰绿色，7~8条棱，刺座有白毛和黄色刺。花大型，白色，有香味，夏季的夜晚开放。果实黄红色。

昙花
Epiphyllum oxypetalum

昙花

昙花属附生肉质灌木。叶退化，由绿色叶状枝替代叶进行光合作用。植株多分枝，老茎木质化，叶状枝扁平，披针形至长圆状披针形，边缘波状或圆齿状，绿色。花生于侧枝的边缘，白色，具清香，在夏秋季节的夜晚开放；其单朵花期极短，从开始绽放到枯萎凋谢，全部过程仅4个小时左右，故有"昙花一现"之说。同属中还有卷叶昙花，其茎扭曲，花白色。

夏型种，用扦插或播种繁殖。

卷叶昙花

仙人指
Schlumbergera bridgesii

仙人指

仙人指属植物。扁平的叶状茎节淡绿色，有明显的中脉，边缘浅波状，无尖齿。花朵较为整齐，长约5厘米，红色。花期2月，正逢圣烛节，因此也称"圣烛节仙人掌"。

原产巴西，用扦插或嫁接繁殖。

令箭荷花
Nopalxochia ackermannii

令箭荷花

别称孔雀仙人掌、孔雀兰、荷花令箭，令箭荷花属附生植物。植株呈多分枝，茎扁平，呈披针形，似古代的令箭。花型有单瓣重瓣，花色有红、紫红、粉红、黄、白等颜色。

蟹爪兰
Zygocactus truncatus，异名
Schlumbergera truncatus

蟹爪兰

别称蟹爪、蟹爪莲、圣诞仙人掌，蟹爪属植物。植株多分枝，绿色或带紫晕的肉质茎扁平，看上去酷似叶子，其边缘有尖齿2~4个，形似螃蟹的爪

子。花两侧对生，花瓣张开后反卷，颜色有粉红、紫红、淡紫、橙黄和白等色；正常花期 11 月底至翌年元月，经人工控制花期，其他季节也可开花。斑锦变异品种有'蟹爪兰锦'。

原产巴西，夏季有短暂的休眠，用扦插或嫁接、播种繁殖。

有些资料将蟹爪属并入仙人指属，其学名也作相应改变。

蟹爪兰锦

丝苇属（*Rhipsalis*）　该属植物为附生类灌木。植株多分枝，分枝的形状也因种类的差异而不同，常下垂生长，刺座有极短的毡毛和一根刚毛。花小，除个别品种外，颜色并不是那么鲜艳。但有些种的茎则为鲜红色，非常艳丽，像 *Rhipsalis ramulosa*；有些种类的果实珠圆玉润，晶莹鲜亮，像浆果丝苇（*Rhipsalis baccifera*）的果实。

产于热带美洲的巴西以及非洲的马达加斯加等国家，喜温暖湿润的环境，要求有一定的空气湿度。可用扦插或播种繁殖。

Rhipsalis ramulosa

浆果丝苇的果实

猿恋苇
Rhipsalis salicornioides

猿恋苇

叶退化，全株由短截纤细的圆柱状茎组成，初呈直立状生长，以后逐渐下垂，花黄色，春季开放。

夏型种，用扦插或嫁接繁殖。

青柳
Rhipsalis cereusula

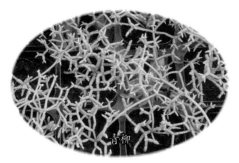

青柳

别称木偶人、莲藕、虫草。植株由圆柱形肉质茎组成，肉质茎绿色，呈短节状（但有时也会特长的直立茎），匍匐或下垂生长。前端有稀疏退化的毛刺。花白色，生于茎的顶端。

窗之梅
Rhipsalis crispata

窗之梅

附生性灌木。茎节椭圆形，边缘稍呈波浪状，深绿色至黄绿色。花浅黄色，1~4朵簇生于刺座上。同属中近似种有黄梅、绿羽苇、园之蝶等，其茎节都呈椭圆形。

原产巴西南部，夏季休眠，以扦插繁殖为主。

假昙花
Rhipsalidopsis gaertneri

假昙花

假昙花属附生类植物。植株呈悬垂状生长，主茎圆，易木质化，分枝呈节状；茎节扁平，长圆形，边缘有浅圆齿，圆齿腋部具短毛或少许黄色刚毛，新长出的茎节带红色。花红色，着生茎节顶部，花大而花瓣整齐，呈标准的辐射状。花期 3~4 月，此时正是复活节前后，故又称"复活节仙人掌"。

原产巴西，春秋型，夏季有不太明显的休眠期，可用扦插或嫁接繁殖。

有学者建议将假昙花属并入丝苇属。

假昙花

落花之舞
Rhipsalidopsis rosea

落花之舞

假昙花属植物。稠密的分枝组成矮性肉质灌木，茎半直立；茎节长 2~4 厘米，呈 2 棱的扁平状或 3~5 棱的柱状，一般规律是下部茎和茎节的棱多，接近柱状，上部的茎节则多为扁平状。花顶生，粉红色，辐射状对称。

春秋型种，用扦插或嫁接繁殖。

叶仙人掌属（*Pereskia*） 该属植物分布于墨西哥南部经中美洲一直到阿根廷，是仙人掌科的原始种，其形态与人们心目中的仙人掌科植物差异很大。植株为乔木、灌木或蔓性灌木，嫩茎稍肉质，老茎木质化，有硬刺。叶对生，质较薄，稍肉质，休眠期可能脱落。花单生或聚成圆锥花序，有白、粉红、橘黄等颜色。果实球状或梨状。该属有叶仙人掌（别称虎刺、木麒麟）、蔷薇麒麟、梅麒麟、月之桂等 20 余种。

叶仙人掌

该属的叶仙人掌（*Pereskia aculeata*）与同样植株呈乔木或灌木状的麒麟掌属植物青叶麒麟（*Pereskiopsis spathulata*）等植物具有习性强健、生长迅

用青叶麒麟嫁接的蓬莱宫

速、不易烂根等特点，可用作砧木，嫁接蟹爪兰、仙人指以及多种中小型仙人球。

樱麒麟
Pereskia nemorosa

樱麒麟

植株呈灌木状或攀缘状，枝条粗壮，易木质化，叶基腋处生有数枚褐色锐刺；叶肥厚，表面光滑具蜡质，亮绿色。花淡紫红色。近似种有大花樱麒麟（*P. grandifolia*）等。

夏型种，用扦插或播种繁殖。

樱麒麟的果实

大花樱麒麟

龙王球
Hamatocactus setispinus

龙王球

俗称左旋右旋，长钩球属植物。球体筒形，绿色至墨绿色，有时老株中下部会产生红色斑纹。具薄棱，向左或向右呈螺旋状。刺褐色。花黄色，喉部红色。浆果红色。近似种有大虹（*H. hamatacanthus*，异名 *Ferocactus hamatacanthus*），斑锦品种'龙王球锦'。夏型种，用播种或分株繁殖。

'龙王球锦'

大虹

光山
Leuchtenbergia principis

光山

光山属植物。具粗大的肉质茎，疣突细长，灰绿色。刺座生于疣突顶端，刺纸质。花生于靠近生长点附近的疣突顶端，漏斗状，黄色。光山属植物就光山一种，但有斑锦变异品种'光山锦'。此外，还有'光鹫玉锦'，为光山与强刺球属巨鹫玉的杂交种的斑锦品种。

原产墨西哥的中北部，夏型种，用播种或嫁接、扦插繁殖。

'光山锦'

'光鹫玉锦'

狮子王
Notocactus submamulosus

狮子王球

南国玉属植物。植株单生，球形或扁球形，深绿色，具13~15条疣状突起的棱。刺淡黄色，基部和先端褐色。花漏斗状，黄色。

夏型种，用播种繁殖。

白雪光
Notocactus haselbergii

白雪光

别称雪晃，南国玉属植物。植株单生，有时会从基本萌发仔球，具螺旋状排列的小疣突。球体密生放射状白刺。花漏斗形，红色至橙红色。有斑锦、缀化变异品种。近似种黄雪光（ *N. graessneri*），刺黄色、较长，花黄绿色。

英冠玉
Notocactus magnificus

英冠玉

南国玉属植物。成株圆筒状，群生。表皮蓝绿色，顶部密生白色茸毛，棱11~15条。刺座排列密集。花漏斗状，黄色。

金晃丸
Notocactus leninghausii

金晃丸

别称黄翁、金晃，南国玉属植物。植株群生。刺座排列密集，刺细针状，黄色。花着生于茎的顶端，黄色，高度20厘米以上才可开花，开花时顶部的白毛增多。

奇想球
Setiechinopsis mirabilis

奇想球

奇想球属植物。植株圆筒状。花白色，具长筒，花瓣狭长。

圆盘玉属（*Discocactus*） 属名的拉丁文含义是"扁的、盘状的仙人掌"，指该属植物的成株扁平如盘。其棱平缓而不明显，到开花年龄时顶部长出花座，但其高度要比花座球属的花座小而矮。

圆盘玉
Discocactus crystallophilus

幼年的圆盘玉

植株扁平，到达开花年龄时顶部出现由垫状毛和刚毛组成的花座。花白色，夜晚开放，有芳香。变种有'黑刺圆盘玉'及斑锦、缀化等变异品种。

成年出花座的圆盘玉

圆盘玉锦

奇特球
Discocactus horstii

奇特球

扁球形，表皮褐绿色，棱脊高而直。刺座排列密集，有浓密的黄白色短绵毛，刺灰白色至褐色，呈梳形排列。花白色，具长筒，夏季的夜晚开放，有芳香。

绯绣玉
Parodia sanquiniflora

绯绣玉

锦绣玉属植物。小型球，刺红褐色，花鲜红色。

魔神球
Parodia maasii

黄刺魔神

锦绣玉属植物。植株初为球形，以后逐渐呈圆筒状，表皮绿色，顶部被有白色茸毛。花橙红色至红色。有黄刺魔神、黑刺魔神之分。

黑刺魔神

帝冠
Obregonia denegrii

帝冠

别称帝冠牡丹，帝冠属植物。播种繁殖的实生株具粗大的锥形肉质根，叶状疣螺旋排列呈莲座状。刺座生于叶状疣顶端，新刺座上有短绵毛，刺细小，早脱落。球体下部的疣易枯萎或脱落，形成树皮般的皱纹。花短漏斗状，白色或略带粉色。白色浆果棍棒状。

帝冠属植物仅帝冠一种，产于墨西哥，但有斑锦、缀化等变异种以及

'小叶（疣）帝冠' '长绒帝冠'等园艺种。

夏型种，用播种或嫁接繁殖。

'帝冠锦'

栉刺尤伯球
Uebelmannia pectinifera

栉刺尤伯球

尤伯球属植物。植株球状至短圆筒状，白皮红绿色中带有黑褐色，具小而均匀的突起，棱脊薄而高。刺座排列密集，几乎首尾相连，刺黑褐色，向前直射排列，呈栉齿状。小花黄色，生于球的顶部。有缀化、斑锦等变异品种。

夏型种，用播种或嫁接繁殖。原产巴西东部，同属还有树胶尤伯球、瘤尤伯球等5种。

'栉刺尤伯球锦'

残雪之峰
Monvilea spegazzinii 'Cristata'

残雪之峰

别称残雪冠、残雪缀化，残雪柱属（墨绿柱属），为残雪柱的缀化变异品种。原种残雪柱产于巴拉圭。植株细柱状，多分枝，呈灌木状匍匐生长。表皮深绿至蓝绿色，在阳光充足的环境中略带红褐色。缀化变异后植

株呈鸡冠状，会时不时出现返祖现象。长出柱状肉质茎参差不齐，似山峰，而刺座上的白色茸毛，又像点点残雪。

夏型种，用扦插或嫁接繁殖。

近卫柱
Stetsonia coryne

近卫柱

原产阿根廷、玻利维亚，近卫柱属植物。植株呈高大柱状，有分枝。肉质茎蓝绿色，8~9条棱。刺初为黄褐色或灰白色，以后转为黑色，中刺最长可达8厘米以上。花白色。

武伦柱
Pachycereus pringlei

武伦柱

分布于墨西哥，摩天柱属植物。植株呈高大的树状，茎被有白霜，上部刺座无刺。花白色。

秘鲁天轮柱
Cereus peruvianus

马达加斯加岛的巨型秘鲁天轮柱

天轮柱属植物。植株多分枝，高7~8米。肉质茎深绿或灰绿色，具棱。刺座带有毡毛，刺褐色。花侧生，漏斗形，白色。果实红色。

秘鲁天轮柱的果实

山影拳
Cereus spp. f. monst

山影拳

别称山影、仙人山，天轮柱属几个柱形品种石化变异的总称。根据品种的差异，肉质变态茎的颜色有浅绿、深绿、蓝绿、墨绿等色，有些品种表面还有一层淡淡的白粉；其刺的颜色有黄、棕、褐、黑等，有些品种刺座或生长点上还有极短的白色茸毛，如同点点残雪。刺座排列的疏密程度和刺的软硬、长短也不尽相同，有的长而硬，有的则较为柔软，甚至用手摸也不感到扎手。有的品种根本无刺，只在生长旺盛时生长点附近有白色茸毛，其植株生长越旺盛，白毛就越浓密。山影拳也会开花，有的品种还非常容易开花，如'开花山'可从5月底连续不断地开放到11月初，而且往往是数朵同时开放。山影拳的花大多为漏斗形，花色有白、粉红、紫红等色，花的大小也不一样。

山影拳的命名因地区不同而异，如北京、天津一带根据石化程度的不同（即"石化瓣"的大小）分为粗码、细码、密码；而河南一带则称为大瓣、中瓣、小瓣、太湖山、景太湖、云太湖、密毛太湖、黄毛山、青山等；也有地方将其分为狮子头、金狮子、群狮子、岩狮子和虎头山影、核桃山影等；还有根据传入途径的不同分为泰国山影、香港山影；而山影的斑锦变异品种则称为山影锦。

夏型种，用扦插或嫁接繁殖。

‘开花山’

山影拳锦

山影拳的花

绿竹
Eulychnia castanea f. *varispiralis*

绿竹

别称翠竹，园艺种，壶花柱属植物。植株柱状，绿色。刺座螺旋状盘旋排列，刺黄白色。花白色。

夏型种，繁殖以扦插为主。

螺旋富氏天轮柱
Cereus forbesii ‘spiralis’

螺旋富氏天轮柱

别称螺旋天轮柱，天轮柱属植物。在原产地植株呈丛生、多分枝的乔木状。肉质茎蓝绿色，具螺旋状生长的棱。花白色。浆果红色。

绿竹缀化

伏地魔
Stenocereus eruca

伏地魔

别称入鹿，茶柱属植物。植株柱状，幼年时直立生长，成年后逐渐匍匐生长。在生长的过程中植株的后半部会死去，并在断截处生根继续生长，以吸取不同地段的营养。中刺匕首状，长 5~10 厘米，可插入沙土中，以避免植株被风吹走。花白色至淡粉色。另有马蹄化变异品种，刺座排首尾相连，并呈螺旋状排列。

仅分布于美国加利福尼亚州的马格达莱纳岛。夏型种，用播种或扦插繁殖。

帝王球
Ortegocactus macdougallii

帝王球

别称帝王丸、帝王龙，矮疣球属植物。群生，有着发达的根系。肉质茎球状，表皮灰绿色，有网状分布的瘤块突起。刺黑色。花漏斗形，黄色，一般在春秋季节开放。有斑锦变异品种'帝王球锦'。

原产墨西哥的瓦哈卡地区，其海拔高度 2000 米，土壤中石灰岩含量较高。夏型种，用播种或嫁接繁殖，但嫁接的植株易变形。

'旋刺伏地魔'

'帝王球锦'

大统领
Thelocactus bicolor

大统领

别称五彩大统领，瘤玉属植物。植株多为单生，球形至球柱形，棱由明显的乳头状疣排列组成。老刺灰白色，新刺红色、黄色，有些个体刺色则为红、黄、白三色。花大型，广漏斗状，紫红、粉红或桃红色。

原产美国得克萨斯州和墨西哥，夏型种，用播种或嫁接繁殖。

大红鹰
Thelocactus heterochromus

大红鹰

别称红鹰，瘤玉属植物。大统领的近似种，球体、疣突都比大统领大，刺也较为粗大。园艺种有'无刺大红鹰'等。

天晃
Thelocactus hexaedrophorus

天晃

瘤玉属植物。植株球状或扁球状，表皮青绿色，具扁菱形疣突。刺强大，有环纹，白色或红色或红褐色。花顶生，钟状，淡粉色至白色。其播种苗中有时会产生强刺变型，刺长而威猛。斑锦变种有'天晃锦'。变种有绯冠龙（*T. hexaedrophorus* var. *fossulatus*），并形成了多种类型，尤其是刺的变化更大。

'天晃锦'

绯冠龙

绯冠龙

奇仙玉
Matucana madisoniorum

奇仙玉

白仙玉属植物。植株初为球状，以后逐渐呈筒状，甚至柱状，肉质茎暗绿或蓝绿色。刺的颜色和数量与植株的年龄和季节有关。花红色或橘红色，有很长的花筒。有斑锦变异品种。

原产秘鲁，用播种或嫁接繁殖。

奇仙玉锦

鱼鳞丸
Copiapoa tenuissima

鱼鳞丸

龙爪球属植物。具肥大的肉质根，球体扁平，闷绿色至黑绿色。花黄色。

原产智利，用播种或嫁接繁殖。

疣仙人
Copiapoa hypogaea

疣仙人

龙爪球属植物。植株扁球形，表皮褐色或褐绿色，刺褐色或黑色，老刺长脱落。花黄色，有淡淡的香味。变种蜥蜴皮（*Copiapoa hypogea* 'Lizard skin'）表皮有类似蜥蜴皮肤质感的褶皱。

原产智利，夏型种，用播种或嫁接繁殖。

蜥蜴皮

黑士冠
Copiapoa dealbata

黑士冠

龙爪球属植物。植株球形至短圆柱形，绿色，覆盖有白色蜡质层。刺直，褐色至黑色，老刺则为灰白色。花淡黄色，春夏季节开放。

黑王丸
Copiapoa cinerea

黑王球

别称黑王球，龙爪球属植物。植株球形至圆筒状，棱 15~20 条，球体表面具灰白色蜡质层。刺座及球体顶部多毛新，刺黑色。花黄色，偶有粉红色。

原产智利，夏型种，繁殖以播种为主。

飞鸟
Pediocactus peeblesianus

飞鸟

月华玉属植物。小型球，球体呈球状或椭圆形，高度 6.5 厘米左右。刺灰白色，有着象牙般的质感。花黄色。变种有斑鸠（*P. peeblesianus* var. *fickeisenii*）。

月华玉属植物大概有 8 种，均为濒危物种，原产美国亚利桑那州北部。其生长缓慢，繁殖和栽培都较为困难，通常采用嫁接的方法来促进其生长。

雷头玉
Eriosyce occulta，异名 *Neoporteria occulta*

别称雷头，极光球属植物。植株球形或扁球形，紫黑色或紫红色，疣突上的刺座凹陷，有白茸毛，刺很短。花粉白色或粉红色。

原产墨西哥。原划归智利球属（*Neoporteria*），后智利球属与极光球属合并，拉丁名也作了相应调整。夏型种，用播种或嫁接繁殖。

伊须萝玉
Eriosyce islayensis

极光球属植物，植株球形，具直而坚硬的刺。花黄色。

武烈柱
Oreocereus celsianus var. *bruennowii*

别称武烈球、荒狮子，刺翁柱属植物，白貂的长毛变种。植株旱圆柱形，密被白色长毛，在白毛中长有半透明的黄褐色强刺。花大，红色。

夏型种，播种或扦插、嫁接繁殖。

大凤龙
Neobuxbaumia polylopha

大凤龙属植物，植株柱状，多为单生，具棱。花红褐色。